中|小|学|生|课|外

XIN LING JI TANG

心灵鸡汤

光钦 / 主编

陕西出版传媒集团

陕西人民教育出版社

图书在版编目（CIP）数据

心灵鸡汤 / 光钦主编；—西安：陕西人民教育
出版社，2013.8（2013.11重印）
（中小学生课外书屋）
ISBN 978-7-5450-2646-7

Ⅰ.①心… Ⅱ.①光… Ⅲ.①人生哲学—青年读物②
人生哲学—少年读物 Ⅳ.①B821.49

中国版本图书馆CIP数据核字（2013）第182095号

心灵鸡汤

光 钦 主编

责任编辑：余 瑶
封面设计：王 威
出版发行：陕西出版传媒集团
　　　　　陕西人民教育出版社 http://www.snepublish.com
　　　　　（西安市丈八五路58号 邮政编码:710077）
经　　销：新华书店
印　　刷：陕西长盛彩印包装有限公司
成品尺寸：700毫米×1000毫米 1/16
印　　张：12
字　　数：102千字
版　　次：2013年8月第1版　2013年11月第2次印刷
书　　号：ISBN 978-7-5450-2646-7
定　　价：22.00元

只因有你

每个人都有一个故事。

有的故事淡淡如烟，有的故事凝重如山；有的故事肝肠寸断，有的故事随风消散；有的故事在我们的生命中一闪而过，有的故事却能影响甚至改变我们的一生！

人生，就是一次旅行。一路上，有泪水，有欢笑，有憧憬，有迷惘，有梦想，也有失望……我们不停地反思，不停地成长。在遭受挫折感到无望时，我们希望有位朋友能陪伴，给予我们力量；在彷徨无

助失落之际，我们希望有位朋友在身边，给予我们温暖。

《心灵鸡汤》就是这样一位朋友，它精选了多篇能够触动我们心灵的故事，每个故事简短、精练，但却富有哲理，充满力量。它们以浅显的语言表达着人间真情，以至深的情感述说着五彩人生。让文字的缕缕清香在尘世间流传，让爱的丝丝真情在心灵间碰撞，并且凝固成永恒。

闲暇时，一个人坐下来，慢慢地品味每个故事，你会发现，它们就像一杯陈年老酒，闭上眼睛，感受它们的芳香；它们也像一首百年老歌，静下心来，为它们的旋律感动。每个故事都蕴含着一个生活哲理，慢慢用心品读，你会发现每个故事都回味无穷，都能从不同的角度滋养你的精神和灵魂。

编 者

2013 年 8 月

心灵鸡汤
XINLING JITANG

「目 录」

3

4

我们是白痴

为什么世上虽有镜子，但是人们却不知道自己的样子。

——叔本华

我开始教书的第一天，课程进展得相当顺利。我下定决心坚持着当老师就要有像勒住马腹的肚带一样的态度。然后我上了这天的最后一堂课——第七堂课。

我走向教室时，就听到课桌椅碰撞的声音。在转角处，我看到一个男孩把另一个按在地上。

"给我听着，你这个白痴！"躺在下面的那个咆哮着，"我可没跟你姐姐怎样！""你离她远一点，你听见了吗？"上头的男孩正在盛怒中。

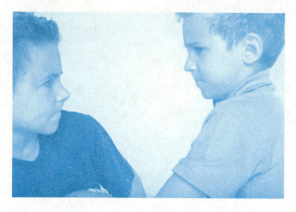

我如临大敌般地要他们停止打斗。忽然间，有十四双眼睛盯着我瞧。我知道我看来不太有自信。这两个男孩互看一下，又看看我，慢慢地回到座位上。这时，对面班级的老师把头倚在门边，对我的学生大吼，要他们坐下，闭嘴，叫他们照我的话做。这让我感到自己懦弱无力。

我企图把我准备的课程教给他们，但却面对了一群不友善的面孔。课程结束后，我叫一个参与打架的男孩留下来。他叫马克。

"女士，别浪费你的时间了。"他告诉我，"我们都是白痴！"然后他就扬长而去。

我深受打击，跌坐在椅子里，并怀疑我是否该当老师。像这样的问题可以解决吗？我告诉我自己，我只吃一年苦头，在明年夏天我结婚以后，我可要找个报酬更高的差事做。

"他们让你头痛，对吗？"一个早先教过这个班的同事问我。

我点点头。

"别担心，"他说，"我曾在暑期班里教过他们。他们只有十四岁，大部分都没法毕业。别跟那些孩子浪费时间。""你是什么意思？""他们都住在荒郊野外的贫民窟里，他们是打零工的人和小偷的孩子。他们高兴时才来上学。那个被压在地板上的男孩骚扰了马克的姐姐——在他们一起摘豆荚的时候。今天吃午餐时我曾叫他们闭嘴。你只需让他们有事，保持安静就够了。如果他们再惹麻烦，就把他们送到我这儿。"

我收拾好东西回家，还是忘不了马克说"我们是白痴"时的那张面孔。

白痴？那个词在我脑里啪啦作响——我知道我必须采取某些非常手段。

第二天，我要求我的同事别到我班上来。我必须用我自己的方式处理。然后我到了课堂上，正视每个学生后到黑板上写下ECINAJ 几个字。

"这是我的名字，"我说，"你们可以告诉我这是什么意思？"他们告诉我，这个名字怪里怪气，他们从没见过。我又到黑板上写字，这次写的是JANICE，几个学生念出了这个词，送给我一个带笑的眼神。

"你们是对的，我叫Janice。"我说，"我有学习上的障碍，医学上叫'难语症'。我开始上学时，没法正确拼出我的名字。我不会拼字，数字更把我搞昏了头。我被贴上'白痴'的标签。没错——我是个'白痴'。我还可以听到那些可怕的叫声，感觉那种难堪。"

"那你为什么会成为老师？"有人问。

"因为我恨人家这么叫我，我并不笨，而且我喜欢学习。这就是我要讲的这堂课的内容。如果你喜欢'白痴'这个称谓，那么你就不该听下去，换个班级吧！这个房

间里可没有白痴。我也不会让你轻松如意。"我继续说，"我们必须加油，直到你赶上进度。你们会毕业，我希望你们中有人会上大学。我不是在跟你们开玩笑——那是我的承诺。我再也不要听到'白痴'这个词了。你们懂吗？"他们似乎肃静了些。

我们确实很努力，而我不久也兑现了诺言。马克的表现尤其出色。我听到他在学校里告诉另一个男孩："这本书真好。我们不再看小孩子看的书了。"他手上拿的是《杀死嘲笑鸟》。

过了几个月，他们进步神速。有一天马克说："可是他们还是认为我们很笨，因为我们说的话不对劲。"我等的那一刻到来了。现在我们开始了一连串的文法研习课程，因为他们需要。

可是6月到了。他们的求知欲依然强烈，但他们也知道我将要结婚，离开这个州。当我在上课提到这件事时，他们很明显地骚动不安。我很高兴他们变得喜欢我，但气氛似乎不太对，他们是在为我即将离开学校而生气吗？

在我上课的最后一天，校长在学校入口大厅迎接我。

"可以跟我来吗？"他坚定地说，"你那个班有点问题。"他领着我走向穿堂时直视着前方。

到底出了什么事？我很犹豫。

我太惊讶了！在每个角落、学生的桌上和柜子里都是花，我的桌上更有一个巨大的花篮。他们是怎么弄的？我怀疑。他们大多家境贫寒，必须靠勤工俭学才能赚得温饱。

我哭了，他们也跟着我哭。

之后我知道他们是怎样得到这些花的。马克周末在地方上的花店打工，看见我教的其他几个班级的同学下了订单，他提醒了他的

同学。骄傲的他们不想被贴上"穷人"的标签，于是马克要求花商把店里所有"不新鲜"的花给他。他又打电话给殡仪馆，解释说，他们的班上要把花送给一位离职的老师，于是他们答应把每个葬礼后用完的篮子给他。

那并不是他们送给我的唯一礼物。两年后，十四个学生都毕业了，有六个还得了大学奖学金。

28年后，我又在那间学校附近的一所高中任教。我知道马克和他大学的女友结了婚，是个成功的商人。无巧不成书，3年前马克的儿子还在我任教的高三优等英文班读书。

有时我想起自己第一天当老师时我还会发笑。试着想想！我竟曾考虑辞职，去做"报酬更高"的事！

一句话的智慧

听君一席话，胜读十年书。

——中国谚语

一个人，在适当的时候和地方能因一句话而改变他一生，你对此感到诧异吗？

但这的确发生在我的生活中。十四岁那年，我搭便车离开得克萨斯的休斯敦，经由爱坡索到加利福尼亚去。我在追寻着我的梦想：

头顶艳阳，到处漂泊。我因学习差而在中学时被开除，随即置身于江湖风波的浪尖，先到加州，后又来到夏威夷，不久我就在夏威夷定居下来。

快到爱坡索城区的时候，我在街道拐角碰到一个老头，他是个讨饭的。他看我行色匆匆，就叫我停下来并向我发问。他问我是不是从家里偷跑出来的。我猜想他这么问我是因为我太嫩了。我告诉他说根本不是的，爸爸开车把我送到休斯敦的高速公路上，爸爸还为我祈祷说："儿子，追逐你的梦想和憧憬非常重要。"那个乞丐说要为我买杯咖啡，我说："不，先生，我想来点苏打水。"我们走到拐角处的啤酒店，坐在一对转椅上，喝着饮料。

聊了几分钟之后，这个友善的乞丐要我跟着他，说他有重要的东西要给我看并与我一同分享。我们穿过几个街区来到爱坡索市立图书馆。我们拾级而上，在一处咨询台前停下。老乞丐问那里的一个笑眯眯的老太太，能否让我俩进去看一下。我放下行李，走进了这个庄严的知识殿堂。

老乞丐先把我领到一个座椅旁，让我稍等片刻，他要在书架中找那些特别的东西。不多会儿，他怀里抱着几本旧书回来了。他把旧书放到桌子上，在我身边坐下来开始发话。起初的几句意义非凡的话改变了我的生活，他说要教我两件事，第一，切记不要从封面判断一本书的好坏，因为封面会蒙骗人。

他接着说："我敢打赌你认为我是个叫花子，是不是，小伙子？"
我说："嗯，是的，我猜你是的，先生。""嗯，小伙子，我想你
会大吃一惊的，我是世界上最有钱的人。人们想要的任何东西我都有。
我原来在东北，什么也不缺。但一年后，我妻子死了——上帝保佑
她的在天之灵——自那之后我开始沉思反省生活的意义。我认识到
生活中的许多东西我都还没有体验，比如做一个沿街乞讨的叫花子。
我于是决定做上一年叫花子。过去的一年里，我从一个城市流浪到
另外一个城市，到处乞讨。所以，嘿，不要以貌取人，那会受骗的。"

"第二是学会如何读书，小伙子。因为只有一种东西别人无法
从你身上拿去，那就是智慧。"说到这，他伸出手握住我的右手，
把刚从书架上抽出的书放到我手上。那是柏拉图和亚里士多德的著
作——从古到今的不朽经典。

老乞丐领着我经过过道那位笑容可掬的老太太，走下楼梯，回
到我们第一次见面的路上。临别时，他叮嘱我永远不要忘记他的教导。

从此，我永远铭记他那天给我说的话，并不断地努力，这样让
我在夏威夷很快地定居下来。

我是重要的

是的，我很重要。我们每个人都应该有勇气这样说。我们的地位可能很卑微，身分可能很渺小，但这丝毫不意味着我们不重要。重要并不是伟大的同义词，它是心灵对生命的允诺。

——毕淑敏

一位在纽约任教的老师决定告诉她的学生，他们是如何重要，来表达对他们的赞许。她决定采用我所提倡的一种做法，也就是将学生逐一叫到讲台上，然后告诉大家这位同学对整个班级及老师的重要性，再给每人一条蓝色缎带，上面以金色的字写着："我是重要的。"之后那位老师想做一个班上的研究计划，来看看这样的行动对一个社区会造成什么样的冲击。她给每个学生 3 个缎带别针，教他们出去给别人相同的感谢仪式，然后观察所产生的结果，一个星期后回到班级报告。

班上一个男孩子到邻近的公司去找一位年轻的主管，因他曾经指导他完成生活规划。那个男孩子将一条蓝色缎带别在他的衬衫上，并且再多给了2个别针，接着解释，"我们正在做一项研究，我们必须出去把蓝色缎带送给感谢尊敬的人，再给你们多余的别针，让你们也能向别人进行相同的感谢仪式。下次请你告诉我，这么做产生的结果。"过了几天，这位年轻主管去看他的老板。从某种角度而言，他的老板是个易怒、不易相处的人，但极富才华，他向老板表示十分仰慕他的创作天分，老板听了十分惊讶。这个年轻主管接着要求他接受蓝色缎带，并允许他帮老板别上。一脸吃惊的老板爽快地答应了。

那年轻人将缎带别在老板外套、心脏正上方的位置，并将所剩的别针送给他，然后问他："您是否能帮我个忙，把这缎带也送给您所感谢的人？这是一个男孩子送我的，他正在进行一项研究。我们想让这个感谢的仪式延续下去，看看对大家会产生什么样的效果。"那天晚上，那位老板回到家中，坐在十四岁儿子的身旁，告诉他："今天发生了一件不可思议的事。在办公室的时候，有一个年轻的同事告诉我，他十分仰慕我的创造天分，还送我一条蓝色缎带。想想看，他认为我的创造天分如此值得尊敬，甚至将印有'我很重要'的缎带别在我的夹克上，还多送我一个别针，让我能送给自己感谢尊敬的人，当我今晚开车回家时，就开始思索要把别针送给谁呢？我想到了你，你就是我要感谢的人。这些日子以来，我回到家里并没有花许多精力来照顾你、陪你，我真是感到惭愧。有时我会因你的学习成绩不够好，房间太过脏乱而对你大吼大叫。但今晚，我只想坐在这儿，让你知道你对我有多重要，除了你妈妈之外，你是我一生中最重要的人。好孩子，我爱你。"

他的孩子听了十分惊讶，他开始呜咽啜泣，最后哭得无法自制，身体一直颤抖。他看着父亲，泪流满面地说："爸，我原本计划明天要自杀，我以为你根本不爱我，现在我想那已经没有必要了。"

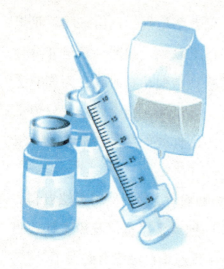

勇　气

只要能生死相共，即便痛苦也成欢乐。

——罗曼·罗兰

"你认为我很有勇气？"她问道。

"没错，你很有勇气。"

"如果我有几分勇气，那也是因为经过几位良师的启蒙，我可以举一位给你听。多年前，我曾在史丹福医院担任义工，那时认识了一个叫丽莎的小女孩。她身患重疾，病情十分罕见，唯一能挽回她性命的机会，便是接受五岁幼弟的输血，因为她弟弟也曾罹患此病，后来她弟弟奇迹般地被救活，现在体内产生了抗体。医生向这个小男生解释了情况，问他是否愿意输血给姐姐。我见他只迟疑了半秒钟，便深深地吸口气说，'如果能救活丽莎，我愿意。'

"进行输血时，他静静地躺在姐姐身旁，见到姐姐双颊恢复红润，

他不禁面露微笑。但接着他收起了笑容，脸色苍白地望着医生，用颤抖的声音问，'我会马上死掉吗？'

"原来他年纪太小，误解了医生的意思，以为要将全身的血都输给姐姐。但他还是义无反顾输血给了姐姐。"

"是的，我学到了什么叫勇气，"她补充道，"因为我见到了一个榜样。"

最后的心愿

无言的纯洁的天真，往往比动听的话更能打动人心。

——莎士比亚

　　二十六岁的母亲凝视着她那罹患血友病而垂死的儿子。虽然她内心充满了悲伤，但同时她也下定决心，像其他为人父母者一样，她希望儿子能长大成人，能实现所有的梦想。如今这一切都不可能了，因为病魔会一直缠绕着他。即使如此，她仍希望儿子的梦想能够实现。

　　她握着儿子的手问道："巴柏西，你曾想过长大后要做什么吗？你对自己的一生，有过什么梦想吗？""妈咪，我一直希望长大后

能成为消防队员。"母亲强忍悲伤，微笑着说："我来想想看，能不能让你的愿望成真。"当天稍晚，她到亚历桑纳州凤凰城当地的消防队，找到了消防队员鲍伯，他有一颗宽大

的心。

　　这位母亲向他解释了儿子的临终心愿，并请求他让儿子坐上消防车在街角转几圈。

　　鲍伯说："不只这样呢，我们还可以做得更好。如果你在星期三早上7点把你儿子带到这里来，我们会让他当一整天的荣誉消防队员。他可以到消防队来，和我们一起吃饭，一起出勤。对了，如果你把他的尺寸给我，我们还

可以帮他订做一套真正的消防制服，附加一顶真的防火帽，不是玩具帽，上面还有凤凰城消防队的徽章，印着我们穿的黄色防水衣和橡胶靴。这些东西都是在凤凰城里制造，所以可以很快拿到。"三天后，消防队员鲍伯带着巴柏西，帮他穿上消防制服，护送他从医院的病床到消防车上。巴柏西必须端坐在车子后面，鲍伯引领他回到消防队，他仿佛置身于天堂。

　　当天凤凰城有三起火警，巴柏西每次都参加。他乘坐不同的消防车，还有救护车，甚至消防队长的座车。他还为当地的新闻节目拍录影带。

　　由于美梦成真以及加注在他身上所有的爱和关怀，令巴柏西深

深感动，他比医生所预期的多活了三个月。

一天晚上，他所有的生命迹象开始急剧下降，护士长急忙打电话通知家属到医院。然后她想起巴柏西曾担任过消防队员，因此她也打电话给消防队长，问他是否能派一位穿制服的消防队员到医院来，在巴柏西临终前陪伴他。队长回答道："我们可以做得更好，5分钟之内就到。你能帮个忙吗？当你听见警笛响、看到警灯闪时，请通知医院，这不是真正的火警，这只是消防队来见他们好伙伴的最后一面。请你打开他房间的窗户，谢谢。"大约五分钟后，一部消防车到达医院，把云梯延伸到巴柏西三楼窗前，有14位消防队员、两位女消防队员爬上云梯进入巴柏西的房间。经过他母亲的同意，他们拥抱他、握他的手，告诉他他们有多爱他。

巴柏西咽下最后一口气前，看着消防队长说："队长，我现在能算是真正的消防队员吗？""算！巴柏西。"队长说。

带着那些话，巴柏西微笑着闭上了眼睛。

小狗待售

任何事物只有当人们认识到它的价值时，它才会显示出它的价值。

——莫里克

一家宠物店老板在店门口挂了张"小狗出售"的牌子。这种招牌通常很能吸引孩童的眼光。不久后，果真有一个小男孩走进店里询问："要多少钱才能买到小狗？"老板回答："从30元到50元不等。"小男孩伸手到口袋，但掏出的只有些零钱，他说："我只有二块三毛七，我能看看小狗吗？"老板微笑地点了点头，然后吹了一声口哨，这时从走道那端跑来一只狗妈妈，后面跟了5只毛茸茸的初生小狗；前面4只跑起来像是会滚动的球，但最后一只却是一跛一跛地往前走。小男孩一眼就看到这只跛狗，他问道："这只小狗怎么啦？"老板解释说，经过兽医检查，原来这只小狗后脚残缺，这辈子注定要当跛脚狗了。小男孩听了之后兴奋异常："我就要买这只小狗。"老板开口了："这只狗不必买，你若真想要，送你就好了。"然而这话却使得小男孩十分不悦，他双眼直视着老板，语气坚定地说："我不要你送我，这只小狗和其他小狗一样值钱，我会付足价钱买下。我现在只能给你二块三毛七，但以后每个月我会给你五毛，直到把钱付清。"老板摆了摆手："你何必买这只小狗呢？它又不能像其他小狗一样能陪你跳，陪你玩。"这时，小男孩弯下腰，拉起左边的裤管，露出严重的扭曲畸形的左腿，他能站着全靠金属支架支撑。他抬头看看老板，轻声地说："我自己也跑不快，这只小狗正好有个同病相怜的主人。"

马戏团

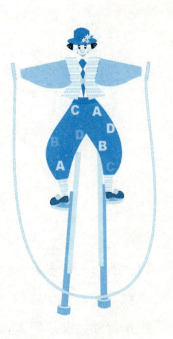

> 一个好人生命中最珍贵的那一部分，就是他微小、默默无闻、不为人知的、发自仁慈与爱的善行。
>
> ——威廉·渥兹涅斯

在我年少时，父亲曾带着我排队买票看马戏。排了老半天，终于在我们和票口之间只隔着一个家庭。这个家庭让我印象深刻：他们有八个在十二岁以下的小孩。他们穿着便宜的衣服，看来虽然没有什么钱，但全身干干净净的，举止很乖巧。排队时，他们两个两个成一排，手牵手跟在父母的身后。他们很兴奋地叽叽喳喳谈论着小丑象，今晚必是这些孩子生活中最快乐的时刻了。

他们的父母神气地站在一排孩子的最前端，母亲挽着父亲的手，看着她的丈夫，好像在说："你真像个佩着光荣勋章的骑士。"而沐浴在骄傲中的他也微笑着，凝视着他的妻子，好像在回答："没错，我就是你说的那个样子。"卖票女郎问这个父亲，他要多少张票？他神气地回答："请给我八张小孩的两张大人的，我带全家看马戏。"售票员开出了价格。

这人的妻子扭过头，把脸垂得低低的。这个父亲的嘴唇颤抖了，他倾身向前，问："你刚刚说是多少钱？"售票员又报了一次价格。

这人的钱显然不够。

但他怎能转身告诉那八个兴致勃勃的小孩，他没有足够的钱带他们看马戏？

我的父亲目睹了一切。他悄悄地把手伸进口袋，把一张20元的钞票拉出来，让它掉在地上（事实上，我们一点儿也不富有）他又蹲下来，捡起钞票，拍拍那人的肩膀，说："对不起，先生，这是你口袋里掉出来的！"这人当然知道原因。他并没有乞求任何人伸出援手，但他深深地感激有人在他绝望、心碎、困窘的时刻帮了忙。他直视着我父亲的眼睛，用双手握住我父亲的手，把那张20元的钞票紧紧压在中间，他的嘴唇发抖着，泪水忽然滑落他的脸颊，答道：

"谢谢，谢谢您，先生，这对我和我的家庭意义重大。"

后来，父亲和我跳上我们的车回家，那晚我并没有进去看马戏，但我也没有徒劳而返，因为我看到了两个善良坚强的父亲。

海中救援

只要愿意付出关爱，你身旁的世界便会明亮起来。

——艾伦·柯汉

几年前，在荷兰一个小渔村里，一个年轻男孩教会全世界懂得无私奉献的报偿。

由于整个村庄都靠渔业维生，自愿紧急救援队就成为重要的设置。在一个月黑风高的晚上，海上的暴风吹翻了一条渔船，在紧要关头，船员们发出了Ｓ·Ｏ·Ｓ的信号。救援队的船长听到了警讯，村民们也都聚集在小镇广场中望着海港。当救援的划艇与汹涌的海浪搏斗时，村民们也毫不懈怠地在海边举起灯笼，照亮他们回家的路。

过了一个小时，救援船通过云雾再次出现，欢欣鼓舞的村民们跑上前去迎接。

当他们筋疲力尽地抵达沙滩后，自愿救援队的队长宣布，救援船无法载所有的人，只得留下其中一个；再多装一个乘客，救援船就会翻覆，所有的人都活不了。

在忙乱中，队长要另一队自愿救援者去搭救最后留下的人。十六岁的汉斯也应声而出。他的母亲抓着他的手臂说："求求你不要去，你的父亲十年前在海难中丧生，你的哥哥保罗3个礼拜前才出海，现在音讯全无。汉斯，你是我唯一的依靠呀！"汉斯回答："妈妈，我必须去。如果每个人都说'我不能去，总有别人去'那会怎么样？妈妈，这是我的责任。当有人要求救援，我们就得轮流扮演我们的角色。"汉斯吻了他的母亲，加入队伍，消失在黑暗中。

又过了一个小时，这对汉斯的母亲来说，比永久还久。最后，救援船驶过迷雾，汉斯站在船头。船长把手围成筒状，向汉斯叫道："你找到留下来的那个人吗？"汉斯高兴得大声回答："有，我们找到他了。告诉我妈妈，他是我哥保罗！"

小小碎片

想被满溢的心所爱，自己必须知道怎样成为一个海绵。

——尼采

通常我的母亲会要求我把"精致瓷器"摆上餐桌。这样做过太多次，我也没问过母亲为什么。我猜那不过是我母亲一时兴起叫我这样做。

有一天黄昏，我正在布置餐桌，邻居玛姬忽然来我家。她敲了门，因为母亲正忙着做菜，就叫她自己进来。玛姬进了我们的大厨房，看见餐桌布置得这么雅致，发表了评论："哦，我想你需要招待客人，我待会儿再来。""不，"我的母亲回答，"我们并没在等客人。""那么，"玛姬的表情显得相当困惑，"为什么你把最好的瓷器摆出来，我们家每年只拿出来招待客人两次。"我的母亲笑答："因为我准备了我家人最喜欢吃的菜。如果你会为特别的客人精心布置餐桌，为什么不为自己的家人也这样做？他们对我来说比任何我能想到的人都特别。""是呀，可是你漂亮的瓷器可能会打破……"玛姬回答，她显然并不了解我的母亲为何用这种方式来表示家人的重要性。

"哦。"我的母亲随口说。

"一些瓷器上的小瑕疵跟我们全家聚在餐桌前享用这些可爱的碟子进餐相比，是微不足道的。而且，"她眨了眨眼，"每个瑕疵都有一个故事，不是吗？"她看着玛姬，以为两个孩子都已长大的母亲应该懂得这些。

母亲走到橱柜旁，拿下一个盘子，并说："看到这个缺口裂痕没有？这是我十七岁时发生的事，我永远不会忘记那一天。"母亲的声音在想起往事时变得更温柔了。

"某一年秋日，我哥哥们必须帮忙堆起当季最后的一堆干草，于是他们雇了一个英俊高大的小伙子来帮忙。我的母亲叫我到母鸡

窝里捡拾鲜蛋，那时我才看到新来帮忙的人。我停下来看他把一大捆沉重的新鲜绿色干草扛到肩上，毫不费力地把它们掷向干草堆中，看了好一会。我告诉你，他是个出色的男人，身材颀长，手腕细但手非常有力，头发又多又亮。他一定也觉察到我在看他，因为当他把一捆草举到半空中时，他微笑着转头停下来看我。他的

帅气简直难以形容。"她缓缓地说，以一只手指抚过那个盘子，轻轻地叩着它。

"我想我的哥哥们挺喜欢他，所以才邀他和我们共进晚餐。当我大哥指定他坐在我旁边时，我感觉自己差点死掉。你可以想象我有多羞涩，因为他曾看见我站在那儿痴痴盯着他瞧，而我现在竟要坐在他旁边！他的出现使我窘迫不堪、舌头打结，只能低头看着桌子。"

忽然间母亲想起她是在小女儿和邻居妇人面前说故事，她脸绯红了，飞快地将故事收了尾，"当他把盘子递给我要求我帮他盛东西时，我的手濡湿而颤抖。我拿起盘子时，它滑了出去，撞上烘焙用的瓦盘，敲出了一个缺口。"

"哦，"玛姬一点儿也没被我母亲的故事感动，"它听起来像个我会企图忘却的记忆。"

"相反的，"我母亲继续说，"一年后我就跟这个很棒的男人结婚了。直到今天，我看见这个盘子时，我都会想起我初遇他的那一天。"她小心地把盘子放回橱柜里——在其他的盘子后头，它有单独的空间。她看我正凝视着她，飞快地对我眨眨眼。

她知道玛姬对她刚说的爱情故事毫无感觉，于是她又很快地拿下另一个盘子，一个曾经碎裂又被一块一块拼回的盘子，在参差不

齐的接合处还有胶水凝固的痕迹。

"这个盘子是我们从医院把新生儿马克带回家那天打破的。"母亲说，"那天很冷，风又大！我六岁的女儿想帮忙把它拿到洗碗槽时，掉到地上了。刚开始我有点不高兴，但我告诉自己，只不过是盘子破了，我不会让一个破盘子影响我们家欢迎新生儿的快乐。我还记得，我们全家几次企图把它用胶水拼起来时是多么有趣！"我相信，关于那一套瓷器，我妈还有其他故事要说。

过了几天，我还是忘不了那个盘子。它一定很特别，不然我的母亲不会小心地把它存放在其他盘子后面。对它的好奇心一直在我心中酝酿成一个小阴谋。

又过了几天，我的母亲到城里去买生活用品。和往常一样，我被指定在她不在时照料其他的孩子。车子开走后10分钟，我做了每次她到城里去时我都会做的事情。我跑到父母的卧室中（我被禁止这么做！），拉过椅子，打开衣柜最上层的抽屉，到处瞧瞧，这件事我已经做过很多次了。在抽屉的最后端，在好闻的柔软成人衣物下面，有一个日本制造的珠宝盒。我把它拿出来，打开了它。在里头放着妈妈最喜欢的姑妈——希儿达姑妈送给妈妈的红宝石项链；一对婚礼当日祖母送给母亲的精致珍珠耳环；还有我母亲珍贵的结婚项链，当她帮父亲做外头杂务时，她总会把这项链摘下来。

由于我被这些昂贵的珍藏吸引了，我做了每个小女孩都会做的事：我试戴它们，脑子里充满了长大后的灿烂幻想，我想我会长成像母亲一样的美女，也会拥有这些珍贵的宝物。我简直等不及长大，好支配完全属于我自己的抽屉，告诉别人：不许碰！

这天我并没有幻想太久。我动了小木盒子盖上的红色毡布——它将珠宝和一小块很平常的白色碎片隔了开来，对我而言，这看来毫无意义。我移开那块玻璃，把碎片放在灯下小心地检查，且根据我的某种直觉，跑到厨房里，拉把椅子爬上去看柜子里的那个盘子。就跟我猜想的一样，那块碎片——被小心翼翼地和母亲仅有的 3 件宝物一起贮放的碎片，果然属于那个她第一天看见我父亲打裂的盘子，和那个缺口十分吻合。

我变聪明了，而且对这神圣的碎片充满敬意，小心地把它放回珠宝盒中，让那块毡布保护它。现在我知道瓷器保存着母亲对家庭的爱的故事，但没有任何一个故事比那个盘子的传奇更值得纪念。因为有了这个碎片之后才延伸出了一个又一个爱的故事，现在已经进行到第五十三章：我的父母已经结婚 53 年了！

我的妹妹问母亲，未来她是否会把古董红宝石项链给她时，另一个妹妹声称要祖母的珍珠耳环。我乐意把这些美丽的珍宝让给妹妹们。对我来说，我宁可拥有一个非凡女子开始她非凡的爱情人生的纪念物。我宁愿要那块小小的瓷器碎片。

它需要勇气

面无惧色地面对每一次失败，你会得到力量、经验与信心……你必须做你做不了的事情。

——艾林诺·罗斯福

她的名字叫妮姬，住在和我家同一条街的另一头。几年来这个年轻女孩一直鼓舞着我。她的故事感动了我，因为勇气！

这个故事是从她七年级时一篇医生的报告开始。她家人的忧虑变成了事实，诊断的结果是白血球过多症。接下来的几个月，她都必须经常到医院接受定期检查。

她打过无数支针，测试过千百次。然后就是化学疗法，它是个可能救命的机会，她的头发因此全掉了。对一个七年级的女孩而言，掉头发是一场噩梦，头发不会再长。她的家人开始担心了。

升入八年级前的暑假时她戴上假发，感觉不太舒服，会痒，可是她还是戴着。

以前，她相当受欢迎，很多同学都喜欢她。过去她是啦啦队队长，总有一大堆孩子围绕在她身旁，但事情似乎改变了。她看来很奇怪，你知道孩子会有什么反应。我想就和我们某些人一样，有时我们会在背后嘲笑别人，且做出粗暴伤人的事，纵然我们知道那对别人来说是很大的伤害。在她升入八年级后的一两个礼拜，她的假发被人从后面拉走五六次。她停下步子，弯腰，因为害怕和困窘而颤抖，戴好她的假发，甩掉眼泪并且走回班上，她埋怨为什么没有人会为她挺身而出。

这样的事持续了两个可怕得像地狱一样的星期。她告诉父母她再也无法承受了。

他们说："如果你愿意，你可以待在家里。"你想，如果你的女儿会死在八年级，你不会介意她有没有升上九年级，你只能给她快乐，让她有平静的时光。妮姬告诉我没有头发不算什么，她说："我可以应付，但是你可知道没有朋友的感觉？你走在校园里，而他们因为你来了，远远地把你隔开，像红海一样。在该吃比萨饼的那天到餐厅吃比萨饼——我们学校供应的最好的午餐——你一到，他们却留下一堆吃了一半的盘子走开了。他们说他们不饿，可是你知道那是因为你坐在那儿他们才离开的。你可知道没有人愿意在数学课坐在你

旁边，在你贮物柜左右的孩子把自己的柜子移开的感觉？他们宁愿把书跟别人放在一起，只因为他们怕站在一个戴假发、得怪病的女孩旁边。他们摘我的假发不要紧，可是他们难道不知道我最需要朋友吗？"

"是的，"她说，"失去生命无妨，因为你信仰上帝，确知你会如何得到永生。失去头发不算什么，但失去朋友才是折磨。"她打算离开学校回家休养，但这个周末有件事发生了。她听到两个男孩的故事，一个是六年级，一个是七年级，他们的故事给她勇气继续前进。七年级的这个男孩来自阿肯萨斯，尽管《新约·圣经》在此不受欢迎，他还是把它放在衬衫口袋里带到学校。

后来，有三个男孩逮到他，翻出他的圣经说："你这胆小鬼，宗教和祈祷都是为胆小鬼设的，别再把圣经带到学校来。"他却虔诚地把《圣经》递给三个男孩中最大的那一个，而且说："看你有

没有胆子，把它带到学校，绕着校园走一圈！"他们无话可说，他因而交了三个朋友。

鼓舞妮姬的另一个故事是个从俄亥俄州来的六年级学生，名叫吉米·麦斯特丁诺。

他相当仰慕加州，因为加州有一句口头禅，叫"Eureka（知道

了）", 而俄亥俄州没有,
而他为俄亥俄州带来了
一句有创意的话。他一
个人去取得足够的签名。
他把请愿书签满了, 然
后带它到州立法局去。

今天, 因为这个勇
敢的六年级学生, 俄亥俄州官方的座右铭是: "有上帝, 凡事可能。"
妮姬受到这刚听到的故事所鼓舞, 下一个星期一, 她又戴上假发上学。
她尽量把自己打扮得很漂亮, 告诉她的父母: "我今天要回学校上学。
我必须做一些事, 发现一些新事物。"

他们很担心, 不知道她的意思是什么, 他们担心有什么不好的
事发生, 但还是载她到学校去。最后这几个礼拜的每一天, 妮姬在
下车前一定拥抱亲吻她的父母。虽然她还是不受欢迎, 但纵使有很
多孩子嘲笑、作弄她, 她从不被嘲笑所阻挡。这天不同寻常, 她拥
抱且亲吻父母, 说: "爸妈, 你猜今天我要做什么? "她的眼睛充
满了泪水, 但那是欢愉与坚强的眼泪。是的, 还有对未知的恐惧,
但她已经有了一种动力。

他们问: "宝贝, 怎么了? "

她回答: "今天我要去发现谁是我最好的朋友, 谁是我真正的
朋友。"她摘掉了假发, 把它放在她的座位旁。她说: "他们必须
接受我原来的样子, 爸, 否则他们就是不接受我。我没有太多时间了。
我今天必须把真正的朋友找出来。"

她开始走, 走了两步, 又转头说: "为我祈祷吧! "

他们说："会的，宝贝。"

当她向 600 个孩子走去时，她听见他的父亲说："那才是我的好孩子！"那天，奇迹发生了。她经过运动场，走进学校，没有人大声讥嘲，没有人敢作弄这个充满勇气的小女孩。

在世上的数千个妮姬——做你自己，运用上帝给你的天赋，即使在困惑、痛苦、恐惧和迫害中，坚持你认为对的东西是生活唯一真实的道路。

妮姬早就从高中毕业了。没有人想到她会结婚，过几年，她却结了婚而且骄傲地成为一个小女孩的母亲，她的女儿和我的小女儿取同样的名字：艾茉莉。

每一次，当我必须面对一些似乎无可逾越的障碍时，我总想到妮姬，我的力量因而增强。

花

"我有很多花，"他说，"但孩子是所有花中最美丽的花。"

——奥斯卡·王尔德

有一段时间，每个星期天有人会在我衣服的翻领上别上一朵玫瑰花。因为每个星期天早晨我都有一朵花，所以我没想太多。我欣赏这种友谊的表示，但它已变成规律。有一个星期天，被我认为稀疏平常的事变得不同寻常了。

当我离开主日礼拜（基督教的一种仪式程序）时，一个年轻人走向我。他站在我面前，说："先生，你要怎么处理你的花？"刚开始我不知道他在说什么，但一会儿我就懂了。

我说："你指的是这朵吗？"我指着别在我外衣上的玫瑰花。

他说："是的，先生。如果你会丢掉它的话，可否给我？"那时我微笑告诉他，花可以给他，并随口问他要做什么。

这个小男孩，或许还不到十岁，仰望着我，说：

"先生，我要把它送给我的祖母。去年我爸妈离了婚，我本来和我妈住，但她又再婚了，要我和我爸住。我和我爸住了一阵子，但他不愿再收留我，便送我去跟我祖母住。她对我太好了。她煮饭给我吃，又照顾我。她对我太好了，所以我要把这朵漂亮的花送给她，谢谢她爱我。"

当小男孩说完话，我几乎说不出话来，我的眼眶充满了泪水，我知道我灵魂的深处被感动了。我取下我的花，把花拿在手里，看着男孩说："孩子，这是我听过最好的事，但我不能把花给你，因为这不够。如果你走到讲道坛的前面，你会看到一大束花。每一个星期都有不同的家庭买花送给教堂。请把那些花送给你的祖母，因为那样才配得上她。"

他的最后一句话，更使我深深感动且永远难忘。他说："好棒的一天！我只要求一朵花却得到一大束。"

安迪的牺牲

不幸啊！当我们沉溺在我们的罪恶中间的时候，聪明的天神就封住了我们的眼睛。

——莎士比亚

安迪是个可爱又逗人的小家伙，因而人人都喜欢他，但人们对待他的方式也使他困扰。他经得起开玩笑。他总是对玩笑报以微笑，大眼睛眨呀眨的，好像在说：

"谢谢，谢谢，谢谢！"对我们五年级学生来说，安迪是我们的出气筒、大家捉弄的对象。对他付出了这特别的代价才获准成为我们这群人之中的一员，他似乎还相当感激。

安迪·德瑞克不吃蛋糕，

他的姐姐也不吃。

如果没有社会福利津贴，

德瑞克一家都会死掉。

看来他甚至接受了杰克·史布拉特作的这首打油诗。我们其他人都很喜欢它，包括它蹩脚的文法。

我不知道为什么安迪必须忍受这个特别待遇来赢得我们的友谊，获准成为我们中的一员？自然而然就变成这样——并没有经过投票表决或讨论。

我不记得曾提及安迪的父亲在蹲监狱，母亲靠给人洗衣维持生计，但安迪的膝盖、手肘和指甲总是很脏，旧外套太大。很快地我们就以此嘲笑他，安迪从不反击。

我想，在人很年轻的时候总是极力想装高尚。很清楚，我们这群人的态度是——我们每个人都有权利属于这一群，而安迪则需要我们默许才可加入其中。

直到某一天某一刻我们才开始厌烦安迪。

"他跟我们不一样！""我们不要他，对不对？"我们之中谁说了这种话？这些年我一直想责怪兰道夫，但我也不能不诚实地说，这个发难的人引出了潜藏在我们每个人表皮下的野蛮性格。不管是谁说的，我们高兴地接纳了这个呼声，表示我们都这么想。

"我并不想做我们做的事。"多年来我一直如此安慰自己。直到那天我偶然看到那些刺眼但无可反驳的句子，使我永远确信——

地狱中最热的角落，是为那些在危难时还袖手旁观的人所设的。

这个周末与往日一样，我们一伙人愉快共聚。每一个星期五放学我们会在会员之一的家中聚会——这一次是我

家——在附近林子中露营。母
亲们为我们的"旅行"做了大
部分的准备工作，也为安迪准
备了一份东西，使他在打完零
工后能加入我们。

我们很快搭好了帐篷，不
再受母亲们左右了。我们个人
的勇气因人多势众而倍增了，
现在我们成了对抗丛林的"男
子汉"。

其他的人告诉我，因为这
次是我做东，就该我把这个消
息告诉安迪！

我？那个很久以来就觉得，
安迪私下认为我比其他人强，
因为他常用小狗一般的眼睛望
着我——常感到他以他睁得大

大的眼睛对我表示他的爱与崇拜的我？

我讷讷地看安迪朝我而来，通过既长又暗的林阴小道，树木滤
下了近黄昏时的光，在他又旧又脏的衬衫上像万花筒似的变幻着。
安迪骑着他独一无二的自行车——那是坤车（没有横梁的女式自行
车）。他的样子看起来比以前我看到他时更兴奋、更快乐，这个弱
不禁风的小家伙在他一生中都必须当大人。我知道，他正品尝着第
一次属于这个团体的滋味，来享受"男孩的乐趣"，做"男孩做的事"。

当我站在帐篷这边等他时，安迪对我挥手。我无视他快乐的招呼。他下了他的古怪自行车，一边愉快地向我走来，一边朝我说话。其他的人躲在帐篷里，闷声不响，但我可以感觉到他们的支持。

为什么他不正经点？他没看到我并没给他好脸色？他不知道他的喋喋不休我根本听不进去？

不久他就该倒霉了！他看起来更加天真客气，使他毫无防卫之力。

他的举止看起来好像在说："看来不太对劲，是吗？没关系。"无疑他相当善于面对失望，任何打击都不会使他紧张。安迪从不反击。

我才不上当，我听到自己说："安迪，我们不要你。"至今仍令我印象深刻的是，他听到这话时，两滴巨大的泪珠迅速地出现在他的眼眶里。记忆栩栩如生，因为这幅景象在我心中疯狂地翻腾过

100 万次。

安迪看我的方式——好像一时间被冻僵了——但，那不是恨，是震惊？是不相信？或者是对我的同情？还是宽恕？

最后，安迪的嘴唇颤抖，他决绝地转身，在黑暗中走向回家的漫漫长路。

我进了帐篷。有个人——我们之中最没感觉这一凝重时刻的人，开始唱起老打油诗：

安迪·德瑞克不吃蛋糕，

他的姐姐也不……

顿时全体都没有异议，没有投票，没人说话，但我们都知道。我们知道我们做了件可怕的事，犯了个残忍的错误。

在这个沉重的时刻，我们有了新的体会，根深蒂固，永难忘怀：我们摧残了一个照上帝的形象做出来的人，他毫不设防，而我们用来伤害他的唯一武器是拒绝。

安迪很少到校，很难知道他何时退学，但有一天我被告知他永远离开了学校。

我那时已和自己奋战很多天，想找出一个适当的方法告诉安迪，我有多抱歉、多羞愧，到现在仍是。我这才知道我只需紧握安迪的手和他一起哭泣，并且和他默默地相对就够了，这样做可以治疗我们彼此。

我没有再看到安迪。我一点也不知道他去了哪里？现在他在哪里？如果他还活着的话。

但如果说我没有再想到安迪那就完全错了。从那个秋日后数十年来，在堪萨斯的树林中，我遇过安迪·德瑞克数千回。我下意识

的把安迪的样子投射在后来我接触到的每个不幸的人身上。每个人都以和我心中很久以来同样难忘、充满期望的眼神看着我。

我受不了内心的煎熬，给安迪写了一封信，不管他是否能看到。

亲爱的安迪·德瑞克：

你能看到这封信的机会很小，但我还是得试试看。现在来忏悔我的罪恶感已经太迟了，而我也不希望那么做。

我很久以前的老朋友！我所祈求的是，你已学到什么？没有人能强迫你再做牺牲了。你从我这儿承受的痛苦，还有你所展示的勇气，上帝已将它们合一变为祝福。

这种认知可以减轻那一天的可怕记忆。

我不是圣人，安迪，我一辈子都没能做我该做且能做的事。但我要你知道的是——我知道我没有再出卖过任何一个安迪·德瑞克。我也祈求，希望我根本没做过那件事。

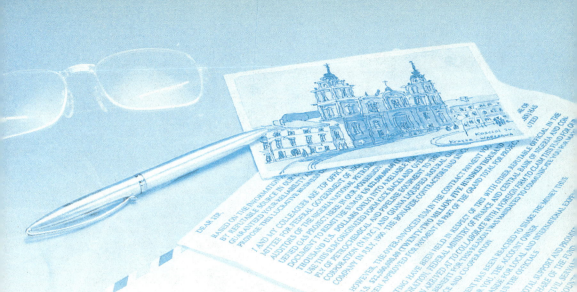

他是我爸爸

切不要把人类的爱与真看作垂死世界的泥土和白垩。

——阿尔弗雷德·丁尼生

以下这封信被放在一家大型教学医院一个门诊部门。虽然作者不明，但它的内容却值得所有从事健康医疗的人借鉴。

这个机构的每一个人：

当你们今天拿起病历表、翻阅医疗绿卡时，我希望你们会记得我要告诉你们的话。

昨天我在这儿，和我的父母一起。我们并不知道我们该何去何从，因为从前我们没有接受过你们的服务。我们从没有被盖过"免费"这样的戳记。

昨天我看着我的父亲变成一种病症、一张病历表、一个求诊病号、一个被标示"没有出资者"的免费病人，因为他没有健康保险。

我看见一个虚弱的人在排队，等了 5 个小时，被一个不耐烦的办公人员、焦头烂额的护理人员、缺乏预算的机构随意搪塞应付，使她连一点尊严与骄傲都荡然无存。我对贵机构人员的没有人性深感诧异。当病人没有按照正确程序做时，你们任意咆哮痛骂，在无关的人面前随便谈论其他病人的问题，谈论在中午吃饭时如何逃出这"穷人的地狱"。

我爸爸只是一张绿卡，只是某指定日期在你桌上出现的一个档案号码，一个在你机械化地给予指示后会再问一次的人。但，不是这样的，那真的不是我的父亲。

那只是你看到的。

你没看到的是，从十四岁以后就自己经营家具制造业的人。他有个很棒的妻子，4 个长大成人的孩子（常常碰面），4 个孙子（还有两个快要出生了）——他们都认为他们的"老爸"是最棒的。爸爸该具备的，这个男人都具备了——强壮、稳重，但很温柔；他不修边幅，是个乡下人，但被卓越的同行所尊敬。

他是我爸，不辞辛苦地养育我成人，在我当新娘时才让我离家，在孩子们出生时拥抱我的小孩，当我日子难过时把20元塞进我的口袋，在我哭的时候安慰我。现在却有人告诉我们，不久之后癌症会把他的生命带走。

　　你可能会说，这些话是一个悲哀的女儿在预知会失去所爱的人时无助的申诉，我不同意。但我希望你不要把我的话打折扣，不要看不见病历表后面的那个人，每张病历表都代表一个人——有感情、有历史、有生命的人——在这一天中，你有权利以你的话语和行动去接触他。明天，你有所爱的人——你的亲戚或邻居——也可能变成一个病历号码、一张医疗绿卡、一个像今天一样被盖上土黄戳记的名字。

　　我祈求你们能以仁慈的话语和微笑迎接你们工作岗位上的下一个人，因为他可能是某人的父亲、丈夫、妻子、母亲、儿子或女儿抑或只因为他是一个人，被上帝所创造且被上帝所爱，就跟你一样。

冰淇淋女孩

逝去的爱，如今已步上巅峰，在密密星辰间埋藏它的容颜。

——威廉·勃特勒·叶芝

伊丽诺不明白为什么祖母总是爱忘记，像她忘记把糖放哪了，忘记付账单，忘记去购物的时间。

"祖母出了什么事？"伊丽诺问道，"她一直都是个有条不紊的人，现在她看上去好像失魂落魄，而且总丢三落四。"

"祖母正在逐渐衰老，"妈妈说，"她需要关怀，亲爱的。"

"人衰老的标志是什么？"伊丽诺问，"每个人老了都会健忘吗？我也会吗？"

"并不是每个人老了都忘事，我想祖母可能是得了健忘症，这种病使人的记忆力衰退，我们可能不得不送她去护理院让她得到正确的治疗。"

"噢，妈妈！那太可怕了，她将怀念她自己的小屋，是吗？"

"也许吧，但是我们只能这样做，在那里她将得到很好的照顾，并结交许多新朋友。"

伊丽诺看上去很伤心，她根本不喜欢这个主意。

"我们能经常去看她吗？"她问，"我想跟祖母说话，即使她确实忘了许多事。"

"我们可以在周末去看她。"妈妈说，"我们可以给她带去礼物。"

"像冰淇淋吗？祖母喜欢草莓冰淇淋。"伊丽诺微笑着说。

"那就送草莓冰淇淋。"妈妈说。

第一次在护理院看见祖母时，伊丽诺真想哭。

"妈妈，几乎所有的人都坐在轮椅上。"她说。

"他们必须那么做，否则他们会摔倒。"妈妈解释道，"现在当你看见祖母时一定要笑着告诉她，她看上去气色是多么好。"祖母蜷着身子坐在房间的中央，这个房间被叫做日光室。她坐在那里

看着外边的绿树。

伊丽诺紧抱着祖母，"看！"她说，"我们给您带来了一个礼物——您最喜欢的东西，草莓冰淇淋！"祖母拿出盛冰淇淋的纸杯和匙，什么也没有说，就开始吃。

"我想她喜欢吃，亲爱的。"母亲安慰她。

"但她好像不认识我们。"伊丽诺失望地说。

"你必须给她时间，"妈妈说，"她毕竟处于一个新环境之中，她必须经历一个调节阶段。"但是，下一次去看祖母，她还是老样子，只是吃着冰淇淋并微笑着看着她们，从不说任何话。

"祖母，你知道我是谁吗？"伊丽诺问她。

"你是带给我冰淇淋的小姑娘。"祖母说。

"是的，但我还是伊丽诺，您的孙女，您不记得我了吗？"她说着，一边用力地摇晃着老太太的胳膊。

祖母无力地笑着。

"让我想一想？啊，你是给我拿冰淇淋的姑娘。"

猛然间，伊丽诺确信：祖母再也记不起她了。祖母正生活在一个只有她自己的世界里，这个世界里只有模糊不清的记忆和孤独。

"噢，我是多么爱你，祖母！"她说，就在这时她看见一滴泪正从祖母脸颊滴落。

"爱，"她说，"我记得爱！""爱！亲爱的，她想要的正是这个。"

妈妈说。

"每个周末我都给她带冰淇淋,然后我拥抱她,不管她是否认识我。"伊丽诺说。

总之,最为重要的是——记住爱,而不是一个人的名字。

同情的眼神

你眼神里，心灵的太阳光辉灿烂。

——菲立普·锡德尼

很多年以前的一个寒夜，在弗吉尼亚州北部，一个老人等在渡口准备乘船过河，寒冷的冬季的霜雪已使他的胡子像上了一层釉。看来他的等待似乎是徒劳的。寒冷的北风把他的身体冻得麻木和僵硬了。

突然，沿着冰冻的羊肠小道上由远而近传来了有节奏的马蹄声，他怀着焦急的

心情，打量着几个骑马的人依次从他身边过去。待最后一个骑手经过他时，老人站在雪中僵直得像一尊雕像，就在将要擦身而过的一瞬间，老人突然看着那人的眼睛说："先生，您能否让一个老人和您乘一匹马共行？您知道，单凭用脚走，人是很难通过这一段路的。"

骑者勒住了自己的马，回答："确实是这样，上来吧！"看见老人根本无法移动他那冻得半僵的身体，骑手跳下马来帮助老人上了马，骑手不仅把老人驮过河，而且送他到他要去的地方，那里有数英里远。

当他们走近一座小而舒适的村舍时，骑手的好奇心促使他问道："先生，我注意到您让其他几个人过去而没有请求帮助，而当我经过时您却留住我借用我的马，我很奇怪这是为什么，在如此一个寒冷的冬夜，您却等待在这里并截住最后一个骑手，如果我拒绝您的要求并把您留在那里，结果会是什么？"

老人慢慢下了马，以一种惊奇的目光看着骑手，回答说："我已经在这里等了一些时间，但我以为我知道谁更有美好的品德。"

老人继续说道："我仔细观察了那几位骑手，立即便看出他们没有关心我的处境，这时候就是我求他们帮忙也无济于事。但是当我仔细一看您的眼睛，仁慈和同情之状是相当明显的。我知道，当时当地，您的友好态度使我得到了这样一个机会，使我在最需要的时候能够得到帮助。"

那些暖人肺腑的评价深深地触动了骑手。"您的评价把我形容得太伟大了，"他告诉老人，"可能我以前在做自己的事情上过于忙碌，所以我对别人需要安慰和怜悯的帮助太少了。"

说完这些，那名骑手——托马斯·杰斐逊总统调转马头，踏上了通往白宫的路。

仁爱的行动

　　你应该留一些时间给你的同事——哪怕为一件小事，为他人做一点事——做一些对你自己没有什么价值但对他人有特殊意义的事。

——阿尔伯特·苏沃特兹尔

　　美国内战期间，亚伯拉罕·林肯经常去医院慰问受伤的士兵。一次，医生介绍了一位即将死去的年轻士兵，林肯走到他的床边。

　　"我能为您做什么事吗？"总统问道。

　　士兵显然没有认出林肯，他费力地低声说道："您能给我母亲写封信吗？"笔和纸都准备好，总统认真地写下那个年轻士兵能说出的话：

　　我最亲爱的妈妈：

　　　　在我履行我的义务时，我负了重伤，恐怕我不可能再回到您身边，请不要为我悲伤，代我吻一下玛丽和约翰。上帝保佑

您和父亲。

士兵虚弱得不能再继续说下去，所以林肯代他签了名，又加上一句："亚伯拉罕·林肯为您儿子代笔。"

年轻人要求看一下信，当他知道谁为他代笔写信时他不禁惊呆了。"您真是总统吗？"他问道。

"是的，是我。"林肯平静地回答，然后他问道，他还能为他做些什么。

"您能握握我的手吗？"士兵请求道，"那将帮助我走完我剩下的这段时光。"

在这个寂静的房间里，高大的总统握着男孩的手，说着体贴入微的鼓励话语，直到死亡款款而来。

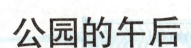

公园的午后

微笑乃是具有多重意义的语言。

——施皮特勒

有一次，一个小男孩想去见见上帝，他知道要到达上帝居住的地方要走很远的路程，所以他在手提箱中装满了巧克力和六瓶淡酒，踏上了旅程。

当他走过了三个街区，他看到一位老太太，她正坐在公园里全神贯注地盯着鸽子。小男孩挨着她坐下来，打开手提箱，拿出淡酒正要喝，这时他注意到老太太看上去很饿，所以他给了她一块巧克力。她感激地接受了，微笑地望着他，她的笑是那么完美，男孩想再看一次，因此他又给她一瓶淡酒，他再一次看到了她的微笑，男孩高兴极了。

他们整个下午都坐在那里，边吃边笑，但是他们从未有一句对话。

这时天黑下来，男孩感到十分疲劳，他站起身来离开。但是没走几步，他返回来，跑回到老太太身边，紧紧拥抱了她一次，她给了他最美的一个微笑。

当男孩不一会儿推开家门走向自己的房间里时，他的母亲为他脸上洋溢着的快乐而惊奇。

她问他："今天干吗了，你这么高兴？"他答道："我与上帝共进午餐了。"

但在他母亲能做出反应之前，他补充道：

"你知道那是什么吗？她给予了我曾经见到的最美好的微笑！"与此同时，老太太也容光焕发地回到她的家。

她的儿子为她脸上洋溢着安详平和的表情所惊异。他问道："妈妈，你今天干什么了，这么高兴？"

她答道："我在公园里与上帝共同吃了巧克力。"在她儿子能做出反应之前，她补充道："你知道，他比我想象中的要年轻得多。"

动物学校

　　每一个家庭，都应当有独特的面貌和情况，应当独自解决许多教育上的问题，这并不是利用准备好的现成"处方"。

——马卡连柯

　　有一天，动物决定它们必须做件伟大的事，以便迎接所谓"新世界"衍生的问题，所以它们创建了一所学校。

　　学校内采用的活动课程包括跑步、爬行、游泳及飞行。为了方便管理，所有的动物都参加了每一项课程。

　　鸭子在游泳项目上的表现非常杰出，甚至比老师还优秀，但在飞行方面，它的成绩只是刚好及格而已，而跑步的成绩更是惨不忍睹。因为它跑得太慢，所以放学后它必须放弃游泳，留下来练习跑步，它持续地练习，直到它那有茧的脚都磨破了，仍然只有游泳一项及格。但是及格标准只适用于学校，所以除了要上学的鸭子外，没有人在乎这件事。

开始时，兔子跑步的成绩在班上名列前茅，但不久后，它便因为游泳前繁琐的化妆工作感到神经衰弱。

小松鼠本来在爬行课程上表现优异，直到有次上飞行课时，老师要求它从地面起飞取代从树梢滑落，却造成它心理上极大的挫败感。后来它因运动过度导致肢体痉挛，使它在爬行及跑步课程，只得了70分及刚好及格。

老鹰是一个问题儿童，也因此被严厉地惩罚。以爬行课程作例子，它不但打败其他同学先到树顶，同时也坚持用自己的方式。

一学年结束后，一只在游泳、跑步、爬行方面表现极佳，而且稍微具有飞行能力的奇特鳗鱼，平均分数最高，成为毕业代表。

土拨鼠拒绝入学，同时也反对纳税，因为学校未将挖、掘列入课程。它们将自己的小孩送到灌的地方学习，后来土拨鼠及地鼠也纷纷加入，成立了一个成功的私立学校。

这个寓言故事是否给了我们一个教训呢？

别吝啬开口

假如你即将死去，并且糟到只能打一个电话，你会打给谁？说些什么？你到底在等什么？

——史丹芬·李维

　　有天晚上，我重拾一本我曾读过的书，内容是有关为人父母的种种，这种书我已看过几百本，而我觉得有种罪恶感，因为那本书描述了一些为人父母该使用，而我却从未使用的策略。主要的策略是和你的小孩交谈，使用三个神奇的字："我爱你。"这句话已被强调过无数次，那就是：孩子必须知道无论在任何情况下，你是的的确确、真正地爱着他们。

　　我上楼走到儿子的房门前敲了门。敲门时只听到他的鼓声。我知道他在房里，但他却没有应门。所以我打开门，不出所料，他正坐在那里，戴着耳机，边听录音带边敲他的鼓，我走过去引起了他的注意，于是，我开口说："提姆，你有空吗？"

　　他说："哦，当然有，爹地，我一直很闲。"

　　我们煞有介事地坐下，但在 15 分钟内只有一些琐碎、支支吾吾的交谈。我只好看着他说："提姆，我真的很喜欢你打鼓的样子。"

他说："哦，谢谢你，爹地，我很感激。"

我走出他的房门说："等会儿见！"当我下楼时，突然记起上楼是为了某些想法，而我并没有传达。我觉得有必要回到楼上，找机会说出那三个神奇的字。

我又爬上楼，敲了门然后打开。"提姆，你有空吗？"

"当然啰，爹地。我当然有空。有事吗？"

"儿子，我刚才上来是为了和你分享一些事，但不知怎么的，说了一些不是我想说的。提姆，你记得以前你学开车时，给我带来很多麻烦吗？我写了三个字塞在你的枕头里希望你会留意。身为父母，我已表达了我对你的爱。"最后又聊了一会儿，我看着提姆说："我要你知道我们都很爱你。"

他看着我说："哦，谢谢你，爹地。你是说你和妈妈吗？"

我说："是啊，是我们两个，我们都表达得不够。"

他说："谢谢，那对我来说意义重大，我知道你们很爱我。"

我转身走出房门。

下楼时，我开始想："我真不敢相信！我已经上楼两次了——我明知自己要传达的是什么，但为何老是顾左右而言他？"我决定立刻回到楼上，让提姆知道我真实的感受。这次他会直

接从我口中听到那三个字。我不在乎他现在已6尺高了！所以我走回去，敲了门，听到他在里面喊：

"等一下，别告诉我是谁。该不会又是你吧，爹地？"

我说："你怎么知道是我？"

他回答道："爹地，我认识你已不是一两天了。"

然后我说："儿子，能不能再给我一点时间？"

"你知道我随时奉陪，进来吧！我猜你刚才并没有把你想说的话说出来吧？"

我说："你怎么知道？"

"打从我包尿布时期我就认识你了。"

我说："唔，提姆，这也就是我一直想说而没说出口的。我只是想让你知道，对我们家而言，你有多特别！我们爱你并不是因为你曾经做过什么伟大的事，而只是因为你是我们的儿子。我爱你，而且我只想让你知道我爱你。我实在不懂为何这么重要的话我一直藏在心里。"

他看着我说："嘿，爹地，我都了解，听到你这么说，感觉真的很特别，谢谢你的想法和努力尝试。"

当我即将跨出房门，他说："哦，爹地，耽误你一分钟。"

我心里开始想"糟了！他要对我说什么"，嘴上却说："哦，当然没问题。"

我不知道孩子们从哪里学来这个，但我确定绝非来自父母，他却说道："爹地，我只想问你一个问题。"

我说："什么问题？"

他看了我一下说："爹地，你是不是去参加了研习会还是什么的？"

我脑中闪过：惨了，就像其他十八岁的小伙子，他已洞悉我的心理。我回答："不，我只是看了一本书，书上说告诉孩子你的真正感受是很重要的。"

"嘿，谢谢你花了这么多时间，待会儿再谈，爹地。"

我认为提姆给了我一些启示：要明了爱的真正意义及目的，唯一方法就是愿意付出代价。我必须勇敢地跨出第一步。

帕科，回家吧！

要教育好孩子，家长就要不断提高教育技巧。要提高教育技巧，那么就需要家长付出个人的努力，不断修正自己。

——苏霍姆林斯基

在西班牙的一个小镇上，有一位名叫乔治的男子。有一天，他和他的儿子帕科之间发生了一次极不愉快的争吵。第二天，乔治发现帕科的床空空如也——儿子离家出走了！

乔治的心中充满了懊悔，他终于意识到：没有什么比儿子更重要的了！他迫切地需要这一切马上结束。他来到镇中心一家有名的商店，在店门前贴了一张醒目的大幅启事："帕科，回来吧！我爱你！明天早上我将在这里等你！"第二天早上，乔治来到那个商店，他发现至少有7个叫帕科的男孩在那里。这些叫帕科的男孩也都是离家出走的，他们等在那里，都希望这是自己的父亲张开双臂向他们发出的回家召唤！

汤米的作文

孩子的天空是父母共同撑起的。父母之间的爱与和谐会给孩子带来安全感，会让孩子的心理健康阳光，也是孩子快乐成长的关键。

——佚名

一件灰色的羊毛衫胡乱地挂在汤米的空桌边上，这使人想起那个刚刚走出三年级教室的沮丧的男孩。再过一会儿，汤米刚刚分居不久的父母就要到来，因为汤米在学校的成绩和操行都明显下降。

但是，他们彼此都不知道我通知了对方。

汤米，曾经是一个无忧无虑的小孩，一个活泼好动、聪明伶俐的学生。而现在他的表现如此之差，我怎样才

能让他的父母相信，
汤米现在的表现不是
因为别的，而是由于
他敬爱的父母彼此分
居和准备离婚使得汤
米的心受到伤害引起
的呢？

汤米的母亲走进办公室，坐在我办公桌旁边的椅子上。很快，
汤米的父亲也来了。

感谢上帝！看起来起码他们对汤米在学校的表现还是在意的，
汤米的父母首先是彼此感到惊讶和不满，随后就开始互相指责对方
忽视了汤米的学习和生活。

我把汤米的学习成绩和在学校的表现向他们详细地介绍了一遍，
我很想能找到一些恰当的话让汤米的父母了解我的看法，但是这些
话无法从我口中说出。也许他们只看见了汤米的一处不足：写作业
的粗心。

突然，我看见了一张揉皱了的被泪水浸湿的作文纸很随便地放
在汤米桌柜里面，两边写满了一句句相同的话，但并不是布置的作业。

我默默地把那张纸拿出来递给汤米的母亲，她看了一遍，没有
说话，把它递给了丈夫。他皱着眉，很快他的表情变得柔和了。他
一遍遍地看着那张纸，时间好像停止了。

最后，汤米的父亲小心地把那张纸折起来放进口袋里，握住了
妻子的手。她一边拭着泪一边微笑。两人都没注意到我的眼睛也湿
润了，丈夫帮着妻子把外套穿上，然后一起离开了。

上帝用他自己的方式帮助我使一个破碎的家庭得以重新和好，他把我的目光引向那张被一个伤心的男孩用苦恼所填满的纸，那上面写的是：

　　亲爱的妈妈……

　　亲爱的爸爸……

　　我爱你们……

　　我爱你们……

　　我爱你们……

公平高于比分

社会偏见屡见不鲜，它长得如此硕壮，即使是它的受害者也很快就把它看做理所当然的事情。

——马赛尔·埃梅

唐纳德·詹森在印第安纳州泰瑞豪特任小竞赛联合会的裁判员时，被一个扔过来的球拍击中头部。他仍然坚持到比赛结束，但是那天晚上他不得不住院治疗。在医院度过一整夜时，詹森写了下面的一封信：

敬爱的小竞赛联合会成员的父亲们：

我是一位裁判员。我干它并不是为了谋生，而是为了在周六、周日的消遣。

过去我参加过这样的比赛，辅导和观看过这样的比赛。但从另一点来说，什么也代替不了裁判，也许是因为我深深感觉到我正在为所有参加这个项目的小伙子们提供公平竞赛的机会。

带着我过去所有的兴趣，也许还有一些干扰我工作的烦恼……你们中的许多人不明白我为什么在那儿。其中一些人认为我在那儿是对你们的儿子或女儿行使权力。由于那个原因，你们在我犯错误的时候对我大喊大叫，或者鼓励你们的儿子或女儿说些伤害我的话。

你们中有几个人能真正理解我力求做得完美？我尽力避免犯错误。我不想让你的孩子感到从裁判员那儿得到一个不公正的待遇。

然而无论我怎样努力，我并不能做到完美无缺。在今天 6 回合的比赛中我计算了一下自己吹哨子的次数。在发球、罚球或出局或罚出场等作出决断的总的次数是 146 次。

我尽最大努力使它们准确，但我也确信有错误。当我在纸上计算出百分比的时候，我今天可能有 8 次吹哨是失误，这样 95% 的吹哨声是正确的……在大多职业中那个百分比应当被认为是优秀的。如果我在学校里，一定能得到一个 "A" 的等级。

但是你们期望的比那

还要高。让我告诉你今天比赛的详细情况。

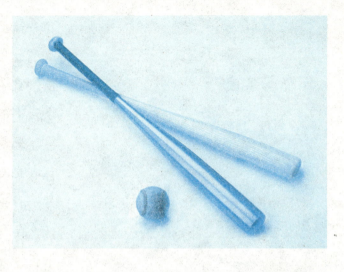

有一个结束这场比赛的近于正确的吹号声……一支球队的棒球跑垒者正设法到达垒区。棒球接手追逐着球并把跑垒者掀翻在垒区。投手结束了这场比赛，同时我把跑垒者罚出场。

当我收拾自己的器材准备离开的时候，我偷听到其中一位父亲评价道："由于讨厌的裁判员而使孩子们输了这场比赛，真惨。那是一个我曾听到的最糟糕的哨子声。"后来，在另一端站着的两个孩子告诉他们的朋友："伙计，今天裁判员够差劲的，他们使我们输了这场比赛。"小比赛联合会的目的是传授给年轻人棒球的技巧。很显然，一个队即使得到一个机会，去责备裁判员吹错一两声哨子而使自己失败，即使得到一个机会，去抱怨使自己失败的因素，那他们在一场特定的比赛里仍不能打赢。

一个允许年轻运动员把失败的责任推诿到裁判员身上，而忽视裁判员才能的父亲或领导，对年轻人来说是最不公正的……这没有教会年轻人学会承担责任，是与比赛的初衷相违背的，是鼓励错误观点的。这种不负责的态度，在今后几年中必定要自

食其果。

当我坐在这儿写信的时候，我不再消沉了，不会像今天下午那样想停止当裁判。

很幸运的是，我的妻子让我忆起了发生在上星期的另一种情况。

我在棒球垒区后面为一个投手当裁判，这位投手对于任何一声对他的队不利的哨声都表示不满。任何一个人都能感觉到他想让观众明白自己是一个优秀的、聪明的、卖力的运动员，而我是一个对他怀有敌意的黑心肠的坏人。

在两场比赛中他连续有这种抵触情绪……有时在对我表示不满的同时，还对他的犯错误的伙伴大喊大叫。两场比赛中管理员也看到这件事。当这个小伙子返回到顶部第三个棒球运动员休息处时，管理人把他叫到了一边。

我隐约能听到的声音好像是这样说的："听着，孩子，你做出决断的时间到了。"

你可以是一位裁判员、一位表演家、一位投手，但是当你为我比赛的时候你只是一种角色。现在你的任务就是投棒球，而你基本上是做最劣等的工作。把演技留给表演家，把判决留给裁判员，否则在这儿你不能投任何球。现在你感觉怎么样？"

不用说这个小伙子选择了棒球规则并想继续赢得这场比赛。当比赛结束的时候，小伙子跟在我汽车后面，努力忍住自己的眼泪，他为他自己的行为道歉并感谢我为他当裁判。他说他学到了一个将永志不忘的教训。

我禁不住浮想联翩……有多少优秀青年正失去他们发展成为著名棒球手的机会，因为他们的父母不是鼓励他们照比赛的规则去刻苦训练，而是激励他们把时间花费在责备裁判上。

第二天早晨，唐纳德·詹森死于脑震荡。

礼 物

不要把孩子限制在你的知识范围内，因为他诞生于另一个时代。

——犹太法学家

一个温暖的夏日，上天将此礼物交到她手边。

那礼物看起来如此柔弱，让她激动，战栗不已。这是上天不同寻常的馈赠——这礼物终有一天会属于整个尘世，而在此之前，上天启谕她要细心照管和保护。母亲说自己明白了，然后就虔敬地把礼物带回家中。她决心遵守对上天的承诺。

最初，母亲密切关注，无比眷顾呵护，使他远离任何险境。她看着他从自己营造的隐秘天地中探头探脑，心中惶惑不安。但她开始认识到不能永远把他置于自己羽翼之下。若要茁壮成长，必须经受艰苦

的环境。于是她谨慎地给他更多的空间，使之恣意自由地生长。

　　静夜之时母亲躺在床上，有时会自感信心不足，会问自己有无能力负荷如此令人敬畏的抚育重任。这时神灵会在她耳畔低语，向她保证上天知道她做得很好，于是母亲就安然入眠。

　　时光流逝，母亲渐渐相安于她的责任。那件礼物使她的生命如此丰盈，以至于在此之前的生命历程不堪回首，以至于没有了如此馈赠，生命的后半段将难以为继，难以想象。她差一点就把与上天的约定置之脑后。

　　有这么一天，母亲意识到那礼物发生了变化——不再柔弱，变得强壮、坚定、生气勃勃。一天天，她看着他越来越有力量。于是母亲忆起她的约定。她从心底知道她与礼物在一起的时间已不多了。

　　那一天终于不可避免地到来。神仙们下凡来取走礼物，因为他

已长大成人，要在天地间闯荡一番。母亲心内怅惘，因为他不能与她的生命相与长存。她深深感谢上苍的恩典，让她多年与如此心爱的礼物朝夕相伴。她挺起双肩，自豪地站起来，心想这真是一件非常特殊的礼物——他——她的爱子——会给这尘世、这众生增添美好与真义。于是母亲放飞了她的孩子，让他自由地飞翔。

动手去学

一个老是寻找工具的工人，肯定是一无所成的。

——撒缪尔·约翰逊

几年前，我开始学习拉大提琴，大部分的人都说我是"学习拉"大提琴，但这几个字听在我耳里，让我觉得这整件事有两个非常不同的过程：

一是学习拉大提琴。

二是开始拉大提琴。

这表示我必须完成第一个步骤，才能继续第二个步骤。

也就是说除非我学成出师，否则我永远是在学习阶段，谈不上真正的演奏，当然，我上面洋洋洒洒扯了一堆都是废话，其实做任何事都只有一个过程，就是动手去学，这是唯一的途径。

老师的手

生活需要一颗感恩的心来创造，一颗感恩的心需要生活来滋养。

——王符

感恩节那天，报纸刊登了一则故事：有位小学一年级的老师叫班上小朋友画出他们感恩节的礼物。这些小孩多半来自贫苦家庭，所以她料想他们多半会画一桌丰富的感恩节佳肴，外加一只香喷喷的火鸡。但看到道格拉斯的作品后，她惊讶不已，上面画了一只手！

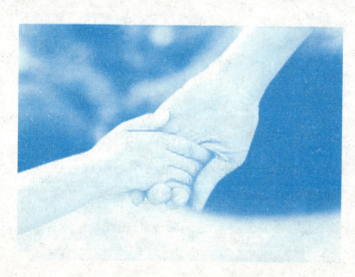

这是谁的手？班上的小朋友都兴致勃勃地开始臆测。

"这一定是赐给我们食物的上帝的手。"一个小孩说道。

"是农夫，

他用这手养出大鸡。"另一个小孩说。

在一阵猜测后，小朋友们又跑回座位继续画画。这时老师走到道格拉斯身旁，弯下腰问他那是谁的手。

"那是你的手，老师。"他怯怯地回答。

道格拉斯个头矮小，样子也不讨人喜欢，但老师在下课时总会过去牵牵他的手。

她常这样握孩童的手，但对道格拉斯而言，意义格外重大。也许过感恩节的真义并不在于收受他人给予我们的有形物质，而是借此机会回馈他人，哪怕是一些微小的付出。

神奇的鹅卵石

习惯性的思考构成我们的生活。它对我们的影响力胜过我们亲近的社会关系。我们最信赖的朋友也无法像我们所怀有的思想一样建构我们的生活。

——约翰·史拉德

"为什么我们要学这没用的东西？"在我几年来教课所听到的抱怨与疑问中，这句话是最常出现的。我会用下面的传奇故事来回答这个问题。

有天晚上，一群游牧民族正想扎营休息时，忽然被一束强光所笼罩。他们知道神要出现了。带着热切的期待，他们等待来自上天的重要讯息。

最后，神的声音说话了："尽力收集鹅卵石，把它们放在你们的鞍袋里，再旅行一天，明晚你们会感到快乐，同时也会感到愧悔。"他离开后，这些游牧民族都感到失望与愤怒，他们期待的是伟大宇宙真理的揭秘，使他们足以因此创造财富、健康或达到其他世俗的目的，但相反的他们却被吩咐去做这件卑贱而无意义的事。但无论如何，来访的亮光仍促使他们各自拣拾了一些鹅卵石，放在他们的鞍袋里，虽然他们并不怎么高兴。

他们又走了一天路，当夜晚来临，开始扎营时，他们发现鞍袋里的每一颗鹅卵石都变成了钻石。他们因得到钻石而高兴极了，却也因没有收集更多的鹅卵石而愧悔。

我在早期从事教学时曾有一个学生，名叫阿伦，印证了这则传奇的真理。

阿伦念八年级，在被退学的边缘摇摆，擅长制造麻烦。他专门欺凌弱小，更是个偷窃高手。

每天我都会叫我的学生背一则伟大思想家的格言。在我点名时，我会用一则格言来点名，如果学生想过关的话，必须说完这则格言。

"艾丽丝·亚当斯——没有所谓失败，除非……""你不再尝试。我来了，许拉特先生。"所以，在这年结束时，我的年轻学生已经背了150则伟大的思想格言。

"认为你能，或认为你不能——总有一个对。""如果你看到了障碍物，你的眼睛就已远离了目标。""所谓犬儒学派，就是指那些知道每一件东西的价格而不懂它们的价值的人。"当然，还有拿破仑·奚尔斯的"如果你能想到它，

相信它，你就能达到它"。没有人比阿伦更爱抱怨这个每日的例行作业——直到他被退了学。我有五年没看到他，但有一天，他打电话给我。他假释出狱后，在附近的某一所学院修习一门专业技术的课程。

他告诉我，在他被送进少年法庭后，被载到加州青少年法院监狱服刑，他变得对自己非常绝望，拿了一把刮胡刀试图割腕自杀。

他说："你知道，许拉特先生，当我躺在那儿，生命一滴一滴地流失时，我忽然想到有一天你叫我写20次的那句无聊格言，'没有所谓的失败，除非你不再尝试。'忽然它对我起了作用。只要我活着，我就不算失败，但如果我让自己死掉，我绝对是个失败的死人。所以我用仅余的力气求救，开始了新生活。"

在他听到这句格言时，它是个鹅卵石。当他身处危机需要指引的那一刻，它变成了钻石。所以我想对你说，尽量收集鹅卵石，你就可以期待一个充满钻石的未来。

哈蒂小姐

人生中最神秘的相遇是在
有人认出我们和我们的能力，
点亮我们最高潜能的电路时。
　　　——鲁斯提·柏卡斯

我一出生就是个有学习障
碍的孩子。我想象力错乱的情
况被称为"难语症"。

得了"难语症"的孩子学单词学得很快，但他们并不知道他们
的理解方式和常人不同。

我感觉到我的世界多彩多姿，充满着形形色色的"单词"，并
引申出了相当多奇特的词汇，使得我的父母对我的学习能力相当乐
观。让我害怕的是，我在一年级时就发现字母比单词显得重要。难
语症的小孩把字母前后颠倒，没法像别人一样照正常方式排列它们。
所以我的一年级老师说我"学习有困难"。

她把她的观察写下来在暑假前交给了我的二年级教师，以使她在我上课前能够想出针对我的特别教法。我上了二年级，可以知道数学问题的答案，却对得到答案的繁复过程无能为力，而我也发现，繁复的过程比答案重要。这时我对学习过程感到很无助，变成一个说话结巴的人。因为无法直截了当地说话，无法完成一般的数学题目，也无法适当地拼出字母，我变成了一个祸星。

我创造了在每堂课都必须坐在最后一排的悲剧——离开老师的视线。万一被叫到了，我就含糊地回答："我不——不——知——知道。"我的命运在此似乎被注定了。

我的三年级老师在我上三年级前就知道我不会说、不会写、不会读，也不会做数学题，所以她对应付我很不乐观。我发现装病可以作为让我顺利毕业的武器。

这使我可以把时间花在学校医务室那边，而不必待在最后一排；也可以找到一些模棱两可的理由留在家中或被送回家，我的三年级和四年级就是如此的悲剧。

到了五年级，我的命运改变了，上天把我放在严师哈蒂小姐的监管之下——她是美国西部最严格的小学老师。她曾经徒步翻越过落基山脉。这个了不起的女人，对我来说就像熊熊的火焰。她用她的双臂拥着我，说："他不是学习有困难，他只是与众不同。"现在人们看待与众不同的孩子的潜能比从前把他们当笨蛋看乐观得多。她说：

"我跟你妈妈谈过，她说当她念东西给你听时，你记住的是图像化的东西。你只是再被要求去组合单词和片断。叫你大声念东西似乎也成问题，所以如果我在课堂上叫你读课文前，我会先让你知道，那么你前一天在家时就可以预习它，然后我们就可以在其他孩子面前朗诵出来。你妈妈还说只要你看过一些东西，你就可以深刻了解并谈论它，但当她要你逐字读它或写下来时，你就会面对字母不知所措、不知所云。所以，当我要其他孩子朗诵和填写卷子时，你可以回家，减轻你的压力，用你自己的时间做它，第二天再把它带回来给我。"

她又说："我注意到你对表达自己的思想会犹豫、恐惧，而我相信每个人的意见都值得参考。我看清楚这件事，而我不确定会成功，但它可能帮得上忙。有个人名叫戴莫斯·席恩斯——你可以念出戴莫斯·席恩斯吗？""戴——戴——戴……"

她说："很好，

你会做到的，他有一条难以驾驭的舌头，所以他把石头放在嘴里，不断练习，直到他能控制。因而我拿了一些弹珠，它大到你吞不下去，我已经洗过了。从现在起，每当我叫你来时，我要你把它们放在嘴里，忍耐着说出话来，直到我能听见和了解你说的话。"在她坚定的信任和对我的理解支持下，我知难而进，驯服了我的舌头，终于能够说话了。

第二年我上了六年级，很高兴又是哈蒂小姐当导师。我有幸在她的指导下受益两年。

多年来我一直和哈蒂小姐保持联系，而几年前得知她罹患了晚期癌症。我虽在千里之外，但不假思索地马上买了机票，排在几百个她的特殊学生之后——这些人也一直跟她保持联络，并已为重新开始的联系而展开一趟"朝圣"之旅，希望在她人生的最后阶段把他们的情感带给她。这群人是非常有趣的组合——三个美国参议员、十二个州议员和一群各公司的高级行政主管。

有趣的是，在资料表中，我们发现我们之中四分之三的人在进入五年级时都被学校教育吓住了，相信我们脑袋有问题，被命运和幸运摒弃。而当我们接触哈蒂后，她使我们相信，我们有能力、卓越不凡，也有影响力。如果我们尝试的话，我们有能力创造迥然不同的人生。

给贝思一年级老师的一封信

允许孩子们以他们自己的方式获得快乐，难道还有比这更好的方法吗？

——塞缪乐·约翰逊

那天早晨，我并不认识站在我面前的您，但我的确注意到在我们走路时身体都挺得很直，并略带骄傲，这是因为我们的女儿正牵着我们的手。在那非比寻常的一天，我们感觉到的是骄傲而非忧虑，我们的女儿开始上一年级了。至少有一会儿，我们还曾打算放弃让孩子进入这个被称作学校的机构，但是，当我们进入大楼时，您看到了我们。虽然我们的目光仅仅接触了短暂的一瞬，

老师，谢谢您！

但这已经足够了，因为我们对于我们女儿的爱，对于她的未来的憧憬以及对于她的健康成长的关心，都已在我们的眼神中涌现了出来。

您，她们的老师，在教室的门前遇到了我们。您作了自我介绍并把孩子带到了她的座位上。我和妻子与孩子亲吻告别之后走出了教室。在去往停车场的路上以及在前往各自工作单位的路途中，我和妻相互间一句话也没有说，我们都陷入了沉思。

老师，有太多的事儿我们都想跟您说，但却都没能说出口，所以这才写信给您。

我要向您诉说的是那天早晨因为时间关系而未曾来得及告诉您的情况。

我希望您已经注意到了贝思的衣着，她的衣着使她看上去很漂亮。现在，我知道您也许会认为这是一种当父亲的偏爱，但贝思自己也同样认为她穿的那套衣服使她显得很好看，而这才是真正重要的。您可知道为了要找在那个特殊场合下穿着的衣服，我们几乎在商店中寻找了整整一个礼拜。贝思不会向您表示，但我可以确信她一定希望您能知道那套衣服是她自己挑选的。因为，当它被打开时，贝思几乎在服装店的镜子前高兴得手舞足蹈。而当她试穿时，她确

信自己已经找到了她的特殊礼服。我想知道的是您是否已经意识到了有一个词语，如果自您口中说出，将一定会使那套衣服变得愈发光彩夺目。

贝思的那双鞋子将会向您表明她自己以及她的家庭的许多情况。在您弥足珍贵的时间当中，那双鞋至少是值得

您注视片刻的。不错，那是一双配有一条皮带的蓝色鞋子，结实而制作优良，看上去并不时髦。您一定知道那种款式。您所不知道的是，我们为了得到贝思所认为的所有女孩都将穿的那种鞋，曾经进行了怎样的辩论。我们拒绝接受那种呈紫色、粉红色或橙色的塑料鞋。

　　贝思担心别的孩子也许会嘲笑她所穿的小孩鞋。最后，她终于试穿了那双结实的蓝鞋，并面带微笑地告诉我们，她总是喜爱带鞋带的鞋。贝思是我们的长女，渴望能讨人喜爱。她自己就正像那双鞋——结实而可以信赖。如果您能提到那些鞋带的话，贝思一定会非常爱惜它的。

　　我希望您能很快注意到贝思是怕羞的。当她和您逐步熟识之后，她也许会跟您说个不停，但您为此将不得不先向前迈出第一步。另外，请您一定不要把贝思的文静误解为是智商不高，她能够阅读很多您摆在她面前的少年读物。她学得非常自然，并每天在午睡的时候、晚间就寝的时候，以及蜷缩着身子躺着的时候，伏在被窝中同她的母亲和我一起阅读她的故事读物。对于贝思来说，书籍是美好时光与热爱家庭的同义词。请不要把读书当做一种繁重的家务劳动来完成它，从而影响她对读书的热爱。因为书籍和学习，贝思的整个生命都充满了欢乐。

　　您是否知道贝思和她的小朋友们为了给开学的第一天做准备而

在整个夏天都在模仿上学。我应该把关于她模仿的班级的情况告诉您。任何一个在她的班级里的孩子每天都得写点什么。有些孩子说他们想不起来该写些什么，她都给予他们鼓励。她还在他们拼写字母时帮助他们。有一天，她非常不安地来到我的身边，告诉我说您可能会对她失望的，因为她不知道该怎样去拼写"减去"这个词。但她现在已经会拼写这个词了，如果您现在去问她的话。这个夏天，她在模拟上学的过程中感受到了同学间互助的真挚感情，以及一位值得依赖的老师那温和的声音。我非常希望她的幻想世界能够在您的教室里变成现实。

　　我知道您现在正在忙于每一个老师在新学年开始时都将面临的工作，所以我尽量使这封信写得简短一些。但是我的确想让您知道在开学的前一天夜里所发生的一切。我们把贝思的午餐装进了食品盒中，准备好她的书包和文具，放置好她的特定衣服和鞋子，阅读完一则故事。然后，我关了灯，亲了她一下，走出了她的卧室。突然，她又把我叫了进去，问我是否知道上帝给人类写信并把信装进了人的思想。

　　我对她说我从未听说过那种事情，但又反问她，她是否已经收到了这样的信。

　　她说收到了，她说信中上帝告诉她开学的第一天将是她一生中最美好的一天之一。我的眼泪禁不住流了下来，我飞快地拭掉了。我当时想：请让它成真吧！

　　那天夜里，我后来又发现了一张贝思给我的便条，上面写着："拥有您这样的爸爸，我是多么的幸运。"

　　好了，贝思的一年级老师，我想您能有贝思这样的学生的确非常幸运。我们大家都在指望着您，我们每一个人都在那一天把我们的孩子以及我们的梦想一起托付给您。当您牵着我们孩子的手的时候，请您站立时挺直一些，走路时略带一些骄傲。作为一名老师，应该具有这样一种师道尊严。

心中的脚印

　　生活中，一些人会成为我们的过眼云烟，来去匆匆；而另一些人则会驻足于我们的心中，让我们刻骨铭心。这就是生活的法则，我们无一例外。

——佚名

　　一月的天，冷得无情。就在这种天气，一位新同学来到了我的专为学习能力低下的同学开设的五年级班，就是他，使我拥有了自己人生旅途中刻骨铭心的一幕。

　　第一眼见到鲍比，他衣衫褴褛，尽管是冬天，破旧的衣服仍然捉襟见肘。一只鞋没了鞋带，随着他走路一上一下而显得拖拖拉拉。即使穿着一身很体面的衣服，他看起来也决不会是一个正常的孩子。他那种幽灵似的、呆滞、迷惑而不自信的样子是我从未见过的、也不想看见的。

鲍比不只是看起来很奇怪，他的行为也是异乎寻常的。他在走廊的痰盂内小便，说起话来就好像是大喊大叫，他对唐老鸭很着迷，他也从不敢正视别人，哪怕是在上课时，他也会絮絮叨叨说个不停。有一次，他居然非常骄傲地向大家宣布体育老师让他在脸上涂上除臭剂，原因是他笑得很难看。

鲍比不仅日常行为异常，他的智力更是低得令人瞠目。已经十一岁的他居然还不会读写，甚至连字母表上的字母他也写不出来。不用说，他是这个班里最差的学生。

对于将鲍比安排在我的班级中，我一直耿耿于怀。我认真看过他的档案，不可思议的是他的智商居然是正常的。那么，究竟是什么原因使他有如此古怪的行为呢？

就这个问题，我与学校的顾问进行了谈话，他告诉我他曾经见过鲍比的母亲，鲍比的行为和他母亲相比已经正常得多了。随后，我又更加仔细地查看了鲍比的档案，发现他在三岁以前一直生活在保育院内，之后回到母亲的身边。在以后的岁月里，他们至少每隔一年就会移居到一个陌生的环境。情况就是这样。所以不管鲍比有多么古怪的行为，他仍然可以做我的学生，因为他的智商是正常的。

我不愿去面对这一切，我为鲍比生活在我的班级中而感到愤怒与憎恨。

我的教室已经拥挤不堪了，并且我已经有好几个使我心力交瘁的学生了。我从未尝试过去教一个智力如此低下的学生，甚至为他备课都是一件不敢想象的事情。头几个星期，我每天早晨起床后都是饥肠辘辘，还不得不拖着疲惫的身躯走进办公室。

那些天，每当我准备开车去学校时，都有一种强烈的欲望，期待着看不见鲍比。我时常为自己能成为一名优秀的教师而感到自豪，而此时此刻我也为自己对鲍比的厌恶而感到内疚。

尽管鲍比几乎使我发疯，但我仍努力地拿出勇气去教他，就像对待我班级中所有人一样去对待他。在教室里，我决不允许任何人将他作为玩弄、嘲讽的对象，然而，出了教室，同学们还是不断地伤害他。他们就像野兽那样，对同类中的弱者、伤病者绝不留情。

鲍比来校一个月后的一天，他走进了我的办公室，衬衫被撕破了，鼻角流着血，不用说就知道又发生了什么事——他被同学们当做马跳。回到教室，鲍比坐在自己的课桌前，装做什么事情也没有发生过，他打开书，强忍着眼中的泪去读，可是泪混杂着血，还是一滴滴地掉在了书页上。面对这颗幼小而倔强的心，我能做些什么呢？我生拉硬扯，才将他拖到护士那儿。对于伤害他的同学，我唯一能做的就是谴责，我谴责他们应为自己的行为而感到羞耻，因为鲍比与他们不同。我无法抑制自己的感情，近乎于喊叫地对他们说，鲍比的古怪并不能成为被伤害的原因，相反，这更应当成为被大家关心和爱护的理由。也是在这个时候，鲍比才第一次认真听我说话，我发现自己也应当改变一下对鲍比的看法。

这件事使我改变了对鲍比的态度，也是从这时起，我眼中的鲍比不再古怪，我所看见的只是一个极需被关心与爱护的小男孩。我认为这才是对一个教师最好的检验。

鲍比这种特别的需要，我必须尽我所能去满足他。

我开始为鲍比从基督教的救世军那儿买一些衣服，我知道同学们之所以取笑他，是因为他只有三件衬衫，我仔细挑选质量和款式都比较好的衣服。这些新衣服使他兴奋极了，也保护了他的自尊心。不管何时，当他担心挨打时，我总是伴他一起走进教室，课余时间我也会陪着他一起复习功课。

我欣喜地发现这些新衣服带给鲍比的变化。他开始与他人友好地交往，不再羞怯与沉默，我发现其实他是一个很可爱的孩子，他的行为也不似从前那么古怪，至少他再也不会像从前那样不敢正视别人了。

我不再对上班

恐惧了。每天早上，我都盼望能看见他走出门廊。当他不在的时候，我都会为他担心。我也注意到我对鲍比的态度改变后，我的学生们也是如此，他们不再拿他当靶子，而是视他为他们中的一部分。

有一天，鲍比带给我一张纸条，说他两天后将离开这儿。看到这个消息，我的心几乎都碎了。我还没来得及送给他我想送给他的所有衣服。我非常难过地走进商店为他买了最后一套衣服，这是我为他准备的分别礼物。当他看见衣服上的标签时，他说："我这是第一次穿买来的新衣服。"一些同学知道了鲍比要离开这儿的消息后，都提出为他开一个欢送会，我当然举手赞成，但我想："他们都得做功课，明天早晨的欢送会又怎么能组织成呢？"但出乎意料的是，他们居然做到了。第二天早晨，同学们为鲍比带来了蛋糕、彩带、气球和很多为鲍比准备的礼物，昔日的冤家今日都变成了难舍难分的好朋友。

在鲍比在校的最后一天，他走进教室时，背着一个大背包，里面装满了书。他在整个欢送会上开心极了。事后，我问他这些书是做什么的，他说："送给你，我有很多书，所以我想这些应该属于你，他们对你会有用的。"我相信鲍比在家一定是一无所有的，然而，出乎我意料的是一个只有三件衬衫的孩子居然有如此之多的书。

当我浏览这些书的时候，我发现大部分都来自于他生活过的地方的图书馆。我知道这些书其实真正不属于鲍比，但他把他所能给的都给了我，这是我在这一生中收到的最丰厚的礼物。然而，我除了送给他衣服，什么也没给过他。

　　当他离开的时候，他问我能否做他的笔友。然后，手里拿着我的地址走出了办公室，留下了他的书和我们一起渡过的这段刻骨铭心的时光。

我就是你要的人

与其机会来时没有准备好，还不如严阵以待机会的光临。

——惠特尼·杨

出生在迈阿密附近的一个穷苦之家后没多久，李斯·布朗和他的双胞胎兄弟就被厨房女工玛米·布朗收养了。

因为李斯很好动，说话口齿不清但又说个不停，因此从小学到中学，李斯就被编到专为有学习障碍的学生所设的特教班。毕业后，他就在迈阿密海滩担任清洁工，但他却梦想成为播音员。

晚上，李斯会把晶体管收音机抱上床，收听当地播音员的演播。他的房间很小，塑胶地板也残破不堪，但他却在里面创造了一个想象的电台，当他练习嚼舌根把唱片介绍给假想的听众时，梳子就被用来当做麦克风。

李斯的母亲和兄弟听得到从薄薄的墙壁那端传来的声音，他们会对李斯大吼，叫他停止鼓噪去睡觉，但李斯根本不理他们，他沉醉在自己的世界里编织梦想。

　　有一天，李斯在市区除草，利用午餐休息时间大胆地走到当地的电台。他走进电台经理的办公室，告诉经理他想成为音乐节目的播音员。

　　这个经理上下打量这个戴斗笠、衣衫褴褛的年轻人，问道："你有广播的背景吗？"李斯回答说："没有。先生，我没有。""那么，孩子，恐怕我们没有适合你的工作。"李斯很有礼貌地向他道谢，然后离开了。这个电台的经理以为他再也不会看到这个年轻人了！但他低估了李斯·布朗对理想的坚定和执著。因为李斯不只想当音乐节目播音员，他还有其他更高的目标——他要为深爱的养母买一幢好一点的房子，音乐节目播音员的工作不过是迈向这个目标的一个步骤而已。

　　玛米·布朗叫李斯去追寻他的梦想，所以李斯觉得不管电台经理说什么，他一定会在那个电台找到一份工作。

　　因此，整整一周，李斯每天都去电台询问是否有任何工作的机会，最后电台经理投降了，只好雇李斯当小弟，但没有薪水。

刚开始时，李斯帮不能离开录音室的播音员拿咖啡或午餐、晚餐，最后李斯工作的热诚赢得了播音员的信任，让李斯开他们的凯迪拉克去接来访的客人，像诱惑合唱团、黛安娜·罗丝及至高无上合唱团（The Supremes），他们没人知道年轻的李斯并没有驾照。

在电台里，人家叫李斯做什么，他就做什么，甚至他还做得更多。和播音员混在一起时，李斯就学他们在控制板上的手势，李斯待在控制室里尽可能地吸收他所能吸收的，直到播音员要他离开。晚上，在他的卧室里，李斯反复练习，为他坚信会出现的机会做万全的准备。

一个周末的下午，李斯待在电台里，一个叫洛可的播音员一边喝酒，一边现场播音，除了李斯和洛可外，大楼里没有其他人，李斯明白洛可一定会因喝酒出纰漏，他密切注意着，并在洛可的录音室窗口前来回踱步。当李斯窥看里面的情形时，他喃喃自语地说："喝啊！洛可，尽量喝！"李斯很渴盼这个机会，而且他也准备好了！如果洛可有要求的话，李斯也会冲到街上为他买更多酒让他狂饮。电话铃声响起时，李斯扑过去接，正如所料，是电台经理打来的。

"李斯，我是克莱恩先生。""我知道。"李斯说。

"李斯，我想洛可无法撑完他的节目了。""是啊，我想也是。""你可以打电话给其他的播音员，让其中一个过来接手吗？""可以，经理，我一定会的。"但当李斯挂了电话后，他对自己说："现在，经理一定以为我疯了！"李斯的确打了电话，但他不是打给另一个播音员，他先打给他妈妈，然后打给他女朋友。他说："你们全部都到外面的前廊，然后打开收音机，因为我就要上现场直播节目了！"他等了约 15 分钟才打电话给经理，李斯说："克莱恩先生，我找不到任何人。"然后，克莱恩先生就问："小伙子，你知道如何操作录音室的控制装置吗？"李斯飞进录音室，轻轻地把洛可移到旁边，然后就坐在播音台前，他已经准备好了，而且跃跃欲试，打开麦克风的开关，他说道："听着，在下小名李布山人——李斯·布朗，您的音乐播放大圣，我前无古人，后无来者，我是天下独一，举世无双，年纪尚轻，小'叔'独处，爱和大家混在一起，我领有注册商标、货真价实，绝对有能力让您满足，让您动感十足，听着，宝贝，我就是你要的人！"这次的表现显示李斯已经到了炉火纯青的境界，他让听众和他的经理刮目相看。从这次命中注定的好运开始，李斯就相继在广播、政治、公共演说及电视方面缔造了成功。

愿意付出代价

希望是坚韧的拐杖，忍耐是旅行袋，携带它们，人们可以登上永恒之旅。

——罗素

13 年前，我和太太玛丽安在绿意广场经营美容院时，有一个越南人每天都会过来向我们兜售甜面圈。他几乎不会讲英文，但他总是很友善，和我们相互微笑和手语。我们慢慢地认识彼此，他的名字是李勉夫。

白天李勉夫在一家面包店工作，晚上他和太太就听录音带学英文，我后来才知道他们睡在面包店后面房间的木屑睡袋上。

在越南，李勉夫的家可说是东南亚的首富之一，他们拥有越南北部近三分之一的土地，包括工业及房地产的巨额股份，然而，当他父亲死于战乱后，他和母亲搬到越南南部，他在那里接受教育成为一个律师。

像他父亲一样，李勉夫后来也飞黄腾达了！他遇见了一个机会，那就是建造住屋，以容纳南越愈来愈多的美国人，没多久，他就变成国内最成功的建筑商之一。

然后，李勉夫后来被南越政府冤枉入狱，被监禁多年。

刑期届满后，李勉夫出狱开了家捕鱼公司，最后他又变成越南南部最大的罐头制造商。

当李勉夫知道美国军队及使馆人员即将从他的国家撤退后，他下了一个改变他一生的决定。

李勉夫把他贮藏的所有黄金拿出来装在他的一条渔船上，然后和太太把船开向泊在港口的美国大船，他用所有的财富和美军交换一个条件，那就是带他们离开越南并平安地到达菲律宾。在那里，他和太太被安置在一所难民营里。

经由特殊管道而得以见到菲律宾总统之后，李勉夫说服他把所拥有的其中一艘船改造成捕鱼船，李勉夫又再度重操旧业，两年后当他离开菲律宾前往美国（他最后的梦土）前，李勉夫已在菲律宾成功地发展了整个捕鱼工业。

但在前往美国的途中，李勉夫变得心神不定又忧郁，因为又

必须空手从头再来一次，他太太提到她如何看见他走近船的栏杆，几乎就要跳下去了！

她对他说："如果你跳下去，我该怎么办呢？我们已经在一起这么久了，也一起经历过这么多苦难，我们可以再同甘苦共患难。"这正是李勉夫所需要的鼓励。

当李勉夫和太太在1972年来到休士顿时，他们真是一贫如洗，而且一句英语也不会说。

在越南有同家族的人会照顾自己家族人的习俗，李勉夫和太太就在他堂弟面包店后面的房间安顿下来，他堂弟的面包店也在绿意广场里，距我们那时所开设的美容院也很近。

正如他们所说的，以下才是这故事真正发人深省的地方。

李勉夫的堂弟让他和太太在面包店里工作。课税（即征税）之后，李勉夫每周拿175美元回家，他太太则拿125元回家，换句话说，他们全部的年收入是15600美元。此外，他们打算只要存够了3万美元的头期款，他堂弟就愿意把面包店转让给他们，这位堂弟愿意用9万元的银行支票先替他们支付余额。

以下就是李勉夫和他太太所做的：

尽管每周收入只有300元，他们夫妇决定继续住在后面的房间里，两年来他们都是在商业广场的厕所里擦澡以保持身体干净，所吃的食物也几乎都是面包店里卖的东西。两年来，他们每年的花费，没有错，就只有 600 元，其余的 3 万元就省下来作头期款。

李勉夫后来解释了他的如意算盘："如果我们住在公寓里，我们就必须付租金，当然我们一周 300 元的收入够缴房租，可是我们当然就要买家具，然后也要有上下班的交通工具，那意味着必须买一辆车，又得加油买保险，有了车，我们可能又会想去玩，也就是说又要着装打扮，所以我知道如果住到公寓里，我们就永远存不到 3 万元了！"现在，如果你认为你已听完了所有有关李勉夫的故事，让我告诉你，好戏还在后头。

当他和太太存够了这 3 万元，买下面包店之后，李勉夫再一次坐下来和太太恳谈，他说他们还欠堂弟 9 万元。尽管过去两年生活艰难，但他们还是要在那间房间里再住一年。

我要很骄傲地告诉你，我的良师益友李勉夫及他太太存下了面包店所有的盈余，仅在 3 年内就付清了 9 万元的借贷，从此完全独自拥有此项利润极丰的产业。

这时，也只有在这时，李氏夫妇才搬到他们的第一间公寓。至今，他们一直都有定期储蓄，只花他们收入的极小部分，当然在买任何东西时，他们都是付现金的。

你想李勉夫今日已是个百万富翁了吗？我很雀跃地告诉你——何止百万，已经超过好几倍了！

追随梦想

不论做什么事，相信你自己，别让别人的一句话将你击倒。

——佚名

我有个朋友叫蒙提·罗伯兹，他在圣思多罗有座牧马场。我常借用他宽敞的住宅举办募款活动，以便为帮助青少年的计划筹备基金。

上次活动时，他在致词中提到："我让杰克借用住宅是有原因的。这故事跟一个小男孩有关，他的父亲是位马术师，他从小就必须跟着父亲东奔西跑，一个马厩接着一个马厩，一个农场接着一个农场地去训练马匹。由于经常四处奔波，男孩的求学过程并不顺利。初中时，有次老师叫全班同学写报告，题目是'长大后的志愿'。"

那晚他洋洋洒洒写了 7 张纸，描述他的伟大志愿，那就是想拥有一座属于自己的牧马农场，并且仔细画了一张 1500000 平方英尺农场的设计图，上面标有

马厩、跑道等位置，然后在这一大片农场中央，还要建造一栋占地 4000 平方英尺的巨宅。

他花了好大心血把报告完成，第二天交给了老师。两天后他拿回了报告，第一页上打了一个又红又大的 F，旁边还写了一行字：下课后来见我。

脑中充满幻想的他下课后带着报告去找老师："为什么给我不及格？"

老师回答道："你年纪轻轻，不要老做白日梦。你没钱，没家庭背景，什么都没有。盖座农场可是个花钱的大工程；你要花钱买地、花钱买纯种马匹、花钱照顾它们。你别太好高骛远了。"

他接着又说："如果你肯重写一个比较不离谱的志愿，我会重打你的分数。"

这男孩回家后反复思量了好几次，然后征询父亲的意见。父亲只是告诉他："儿子，这是非常重要的决定，你必须自己拿定主意。"

再三考虑好几天后，他决定原稿交回，一个字都不改。他告诉老师："即使拿个大红字，我也不愿放弃梦想。"

蒙提此时向众人表示："我提起这故事，是因为各位现在就坐在1500000平方英尺农场内，占地4000平方英尺的豪华住宅。那份初中时写的报告我至今还留着。"

他顿了一下又说："有意思的是，两年前的夏天，那位老师带了30个学生来我的农场露营一星期。离开之前，他对我说，说来有些惭愧。读初中时，他曾泼过我冷水。"

这些年来，我也对不少学生说过相同的话——幸亏你有这个毅力坚持自己的梦想。不论做什么事，相信你自己，别让别人的一句话将你击倒。

派蒂，向前跑！

在不幸中所表现出来的勇气，通常总是使卑怯的心灵恼怒，而使高尚的心灵喜悦。

——卢梭

派蒂·威尔森在年幼时就被诊断出患有癫痫。她的父亲吉姆·威尔森习惯每天晨跑。

有天戴着牙套的派蒂兴致勃勃地对父亲说："爸，我想每天跟你一起慢跑，但我担心中途会病情发作。"

她父亲回答说："万一你发作，我也知道如何处理。我们明天就开始跑吧。"

于是十几岁的派蒂就这样与跑步结下了不解之缘。和父亲一起晨跑是她一天之中最快乐的时光。跑步这段期间，派蒂的病一次也没发作。经过几个礼拜之后，她向父亲表示了自己的心愿："爸，我想打破女子长距离跑步的世界纪录。"

她父亲替她查了金氏世界纪录，发现女子长距离跑步的最高纪录是80英里。当时读高一的派蒂为自己制订了一个长远的目标：今年要从橘县跑到旧金山（约400英里）；高二时，要到达奥勒冈州的波特兰（约1500英里）；高三订的目标在圣路易市（约2000英里）；高四则要向白宫前进（约3000英里）。

即使派蒂的身体状况与他人不同，她仍满怀热情与理想。对她而言，癫痫只是偶尔给她带来不便的小毛病。她不因此消极畏缩，相反的，她更珍惜自己已经拥有的。

高一时，派蒂穿着上面写着"我爱癫痫"的衬衫，一路跑到了旧金山。她父亲陪她跑完了全程，而她做护士的母亲则开着旅行拖车尾随在后，照料父女二人。

高二时，她身后的支持者换成了班上的同学。他们拿着巨幅的海报为她加油打气，海报上写着："派蒂，跑啊！"（这后来也成为她自传的书名）但在这段前往波特兰的路上，她扭伤了脚踝。

医生劝告她立刻中止跑步："你的脚踝必须上石膏，否则会造成永久的伤害。"

"医生，你不了解，跑步不是我一时的兴趣，而是我一辈子的最爱。我跑步不单是为了自己，同时也是要向所有人证明，身有残缺的人照样能跑马拉松。有什么方法能让我跑完这段路程？"

医生表示可用黏剂先将受损处接合，而不用上石膏。但他警告说，这样会起水泡，到时会疼痛难耐。派蒂二话不说便点头答应。

派蒂终于来到了波特兰，奥勒冈州州长还陪她跑完最后一英里。

一面写着红字的横幅早在终点站等着她："超级长跑女将，派蒂·威尔森在十七岁生日这天缔造了辉煌的纪录。"

高中的最后一年，派蒂花了4个月的时间，由西岸长征到东岸，然后抵达华盛顿，并受到总统召见。她告诉总统："我想让其他人知道，癫痫患者与一般人无异，也能过正常的生活。"

多年以后，我曾在某个研讨会上提起派蒂的故事，会后有个块头高大的男士来找我，他眼中充满泪花，紧紧握着我的手说："我叫吉姆·威尔森，你刚才提到的就是我女儿派蒂。"他告诉我，由于派蒂的努力，他们已筹措了大笔基金，预备在全国各地建立19所癫痫治疗中心。

如果派蒂·威尔森都能有这样的成就，那么身心健全的我们是不是应该有更好的发挥？

人定胜天

胜利的道路是这样曲折的，像山间小径一样，走这条路的人需要耐心和毅力。累了就歇在路边的人是不会得到胜利的。

——尼克松

有一所位于偏远地区的小学校由于设备不足，每到冬季便要利用老式的烧煤锅炉来取暖。有个小男孩每天都提早来到学校，将锅炉打开，好让老师和同学们一进教室就能享受到暖气。

但有一天老师和同学们到达学校时，愕然发现有火舌从教室冒出。他们急忙将这个小男孩救出，但他的下半身遭到严重灼伤，整个人完全失去意识，只剩下一口气。

送到医院急救后，小男孩稍微恢复了知觉。他躺在病床上迷迷糊糊地听到医生对妈妈说："这孩子的下半身被火烧得太厉害了，能活下去的机会实在很渺小。"但这勇敢的小男孩不愿这样就被死神带走，他下定决心要活下去。

果然，出乎医生的意料，他熬过了最关键的一刻。但等到危险期过后，他又听到医生在跟妈妈窃窃私语："其实保住性命对这孩子而言不一定是好事，他的下半身遭到严重伤害，就算活下去，下半辈子也注定是个残废。"这时小男孩心中又暗暗发誓，他不要做个残废，他一定要起身走路。但不幸的是他的下半身毫无行动能力。两条细弱的腿垂在那里，没有任何知觉。

出院之后，他妈妈每天为他按摩双脚，不曾间断，但仍是没有任何好转的迹象。

虽然如此，他要走路的决心也不曾动摇。

平时他都以轮椅代步。有天天气十分晴朗，他妈妈推着他到院子里呼吸新鲜空气，他望着灿烂阳光照耀的草地，心中突然出现一个想法。他奋力将身体移开轮椅，然后拖着无力的双脚在草地上匍匐前进。

一步一步，他终于爬到篱笆墙边。接着，他费尽全身力气，努力地扶着篱笆站了起来。抱着坚定的决心，他每天都扶着篱笆练习走路，走得篱笆墙边都出现了一条小路。他心中只有一个目标：努力锻炼双脚。

凭借着如钢铁般的意志，以及每日持续的按摩，他终于靠着自己的双脚站起来，然后走路，甚至能跑步。

他后来不但能走路上学，还能和同学们一起享受跑步的乐趣，到了大学时，他还被选入了田径队。

一个被火烧伤下半身的孩子，原本逃不过死神的召唤，原本一辈子都无法走路无法跑步，但凭着他坚强的意志，他跑出了全世界最快的成绩。

勇气的形象

不害怕痛苦的人是坚强的，不害怕死亡的人更坚强。

——迪亚娜夫人

我知道什么才是勇气，6年前在一次飞行中我感受到了它，它深藏于我的记忆，每每讲到它，我眼中总不免噙满泪水。

那个周五早晨，1011次航班从奥良多机场起飞。机上的乘客精力充沛，活泼而欢快。早班的乘客多是到亚特兰大出一两天差的公务人员。环顾四周，我看到许多穿制服的公务人员和带着皮箱的生意人。我坐在后面读书，短暂的飞行开始了。

飞机刚刚起飞，肯定是什么东西出毛病了。飞机开始上下颠簸，左右摇摆。包括我在内的有经验的乘客都环视一笑，表明大家彼此以前都碰到过这种小麻烦。要是你常坐飞机，碰到这种麻烦也会习以为常，不当回事的。

可这种感觉没维持多长时间。起飞后几分钟，飞机开始急剧下降，一侧机翼向下猛冲。飞机努力上升，可这无济于事。不多一会儿，飞行员开始广播这个坏消息。

"我们碰到了麻烦，目前看起来飞机的鼻轮操纵失灵，显示器表明水压系统也失灵了。现在我们将飞返奥良多机场。因为水压失灵，我们不能保证能打开起落架，所以机组人员提醒大家做好迫降准备。此外，为了能平稳着陆，我们会尽可能抛掉辎重，大家看看窗外，我们正在倾倒汽油。"换句话说，飞机兴许会失事。再没有什么景象能比看着窗外成百加仑的汽油倾泻而出更让人感到凄惨的了。机组人员帮着大家各就各位，又安慰那些已变得歇斯底里的人。

我望着同机旅行的生意人的面孔，它们的变化让我吃惊，都是那么惊恐，就连最镇静的人也变得面色苍白可怕，白得吓人，没有人例外。没有谁能面对死亡无所畏惧，每个人都或多或少地失去镇静。

我开始在闹哄哄的人群中寻找在如此境地中还有勇气保持安详和镇静的人，但我很失望。

忽然，在我左边几排的地方有个妇女的声音传到我耳朵中。她的声音和平常说话绝无差别，沉静而平缓，没有一丝战栗和紧张，柔和而充满爱意。我得找到这个说话人。

周围是人们的哭叫声，许多人在恸哭、尖叫。有一些男人极力保持镇静。他们紧抓住靠手，紧咬牙关，但他们的恐惧仍是一览无余。

尽管我的信念让我不至于歇斯底里，但我

也做不到在这种时候还能如此
平静且柔和地讲话。我终于看
见了那个说话的妇女。

在一片骚乱之中，一个母
亲在和她的孩子轻轻地谈话。
她大约有三十五岁，相貌平平。
她全神贯注地盯着她女儿的小
脸，她女儿看起来有四岁了。
小女孩认真地听着，体会其中
的谆谆之意。母亲的凝视使女
儿如此专注和热切，以至于周围悲哀恐惧的声音对她毫无影响。

我脑中忽然闪过另外一个最近刚从一次空难中大难不死的小女
孩。据推测，小女孩幸存的原因是她母亲用自己的身体保护了她。
母亲未能幸免于难。媒体追踪报道那个小女孩，后来她接受了心理
医生好几个星期的治疗，因为她无法摆脱负罪感和负疚感。医生一
再告诉她，她母亲的死不是她的过失。

我不希望这种情形再重演。

我竭力去听那位妇女对她的孩子说些什么，我抑制不住要听，
我需要去听。

最终我靠过去，好不容易才听到这个轻柔而让人欣慰的声音。
那位母亲在一遍又一遍地说道："我是如此爱你。你知道我爱你超
过任何别的吗？""是的，妈妈。"小女孩说道。

"记住，不论发生了什么，我都永远爱你，你是个好孩子。有
时候发生的事情不是因为你的过错，你仍是个好孩子，我的爱将永

远与你同在。"然后，那位母亲紧紧搂住女儿，系上安全带，准备飞机坠落。

谁也没有想到，飞机的起落架竟然放下，飞机安全着陆，悲剧没有发生。几秒钟之间，一切就都好起来了。

我那天听到的声音是那样平静、自信、缓和，真让人难以置信。而我们这些老于世故、饱经风霜的生意人却都声音颤栗，惊恐不安。只有在无比伟大的爱的支持下的勇气，才使那位母亲坚定自若，超脱于身边一切纷扰不安之上。

那位母亲向我表明，真正的英雄应该是什么样子，就在那几分钟里，我聆听到了勇敢者的声音。

亡羊补牢，未为晚也

每逢你们企图报复时，你们就在撕裂自己的伤口。

——托马斯·富勒

几年前，我参加了一个人际关系方面的课程，其间有过一次独特的经历。老师要求我们列出过去自己曾感羞愧、负疚、缺憾和悔恨的事情。一周后他请大家大声宣读自己所列的清单。这看起来有涉隐私，但却总有勇敢之人自告奋勇。听了别人的陈述，我的清单愈发长起来，三周之后竟达
101 条之多。之后老师建议我们想法弥补缺憾，向别人真诚道歉，采取行动来纠正自己的过失。我对此举能够增进我的人际关系深表疑惑，相反却认为这只能使彼此更加疏远。

一周后，我身旁的一位老兄举手发言，讲了如下这个故事：

我在列举清单时，想起高中时发生的一件事情，我在衣阿华州

的一个小镇长大。

镇上有个我们孩子们都讨厌的官员。有天晚上，我和两个伙计决定要捉弄这个叫布朗的官员一番。喝了几瓶啤酒，找到一罐红颜料，我们爬到镇子中央高高的水塔之上，在上面用鲜红的颜料写道："布朗是个狗娘养的"。第二天，镇上的人们起来后都看到了我们的"大作"。两小时后，布朗把我们三个人弄到他的办公室。我的伙计们承认了错误而我却撒谎抵赖、蒙混过关。

这事都快过去 20 年了。今天布朗的名字出现在我的清单上。我不知道他是否仍在人世。上个周末，我向衣阿华州的家乡打电话查问，果然有个叫罗杰·布朗的先生。

我于是给他打电话。铃声响了几下后，我听到："喂，你好。"我问："你就是那个叫布朗的官员？"

那边沉默了一下，"是的。"

"那好，我是吉米·考金斯，我想告诉你那事我也有份。"又是沉默。

"我早就知道。"他嚷道。

我们于是大笑，相谈得很愉快。

他最后说："吉米，我一直为你感到不安，因为你的伙计们都已摘掉了心病，而你这么多年却一直挂在心上。我应该感谢你打来电话……这是为你着想。"

吉米鼓励我化解我清单上的101条。这费了我两年的时间，但这却成了我以后从事矛盾调解工作的起点和动力。不论冲突纠纷多么严重，我一直记着要摒弃前嫌，化解宿怨，见兔顾犬、亡羊补牢，为时不晚。

今天就做！

如果你快死了，只能再打一个电话，你会打给谁，会说些什么？
你还等什么？

——史蒂芬·拉宾

当我在加州帕罗阿尔多的学校当校长时，我们的理事会主席保利·蒂纳写了一封信在《帕罗阿尔多时报》刊出。保利的儿子吉姆是个与众不同的学生。他被分在教育障碍班，这对双亲和教师而言都需要耐心。但吉姆却是个乐观的孩子，他的欢笑照亮了整个班级。他的父母知道他在学业上有困难，但总是帮助他，让他在其他方面有所发挥，使他也拥有一些荣耀。但就在吉姆完成高中学业后不久，他在机车事故中丧生了。他死后，他的母亲把这封信提供给报刊发表。

今天我们埋葬了我们二十岁的儿子。他在星期五晚上一场机车事故中遽然丧生。

我多么希望当我最后一次跟他谈话时就知道，那是最后一次。如果我知道，我会说："吉姆，我爱你，我也感到骄傲。"

　　我想花点时间算算他带给爱他的人多少幸福。我也想花点时间欣赏他美丽的笑容，他的笑声，他对人们的真爱。

　　当你把他美好的属性放在天平的另一端，和那些把收音机开得震耳欲聋、发型梳得奇形怪状、把脏袜子扔在床上等等激怒你的坏习惯比较时，你会发现，那些让人生气的坏习惯是多么微不足道。

　　我再也没有机会把我希望他听到的话告诉我的儿子了，但其他的父母，你们都还有机会。快把要他们听的告诉他们吧！就像把握最后一次的谈话机会一样。我最后一次和吉姆说话，是在他去世的那天。他打电话给我说："嗨，妈妈！我打电话给你，只是要告诉你我爱你。我得去做事了，再见。"他给了我永远能够珍藏的东西。

　　如果吉姆的死有任何意义的话，也许就是让其他人更欣赏人生，并让人们——特别是家人，花点时间来让彼此知道我们有多么关心对方。

　　你可能不会再有机会。今天就做！

爸 爸

一个自由人思考得最少的就是死，他的智慧是对于生而不是对于死的沉思。

——斯宾诺莎

我三岁那年，父亲去世了。七岁的时候，母亲再次结婚，于是我成了世界上最幸运的女孩。

你知道吗？是我选的爸爸。妈妈和"爸爸"约会一段时间后，我对妈妈说："他就是我爸爸，我们将接受他。"我参加了妈妈和爸爸的婚礼，为他们撒花，我一直因此而自豪。有多少人敢说他们参加过父母的婚礼呢？

父亲为这个家而自豪（两年以后，我家添了一个可爱的小姑娘）。

好多人对妈妈说："查理看起来对你的小家伙们感到很满意，很自豪。"那绝不是奉承话。爸爸确实对我们的聪明、诚实和友爱而感到满意和自豪（也包括我那惹人喜爱的微笑）。

我快十七岁的时候，可怕的事情发生了，爸爸病了。检查了几天，医生仍找不到病因。后来医生说："如果我们这些权威人士都找不到病因的话——他一定是健康的。"他们让爸爸回去上班。

后来，爸爸又去了英一家医院检查。他回到家里后，泪流满面。我们才知道爸爸得了致命的病。

以前，我从没见过爸爸哭泣，他说哭泣是懦弱的表现（与此有着有趣联系的是，我这么一个爱激动的十几岁的孩子，会因每一件事而哭泣）。

终于，我们说服了爸爸让他住进了医院。他被确诊患了胰腺癌。医生说他随时都会有生命危险。但是，我们更了解爸爸，我们知道他至少还能陪我们度过 3 个星期。因为下周是妹妹的生日，3 周以后是我的生日。父亲一定会和病魔作斗争的——祈祷上帝给他力量，一直坚持到我们的生日。因为他不愿我们有令人心碎的生日，更不愿将来有这样的回忆。

一个人将要离去的时候，他会比以往更清楚地认识这样一个现实：生命必须继续。父亲十分希望我们能像原来那样生活，无忧无虑。我们也希望父亲像以前那样仍然是我们生命中不可缺少的部分，我们达成了一致。我们继续进行我们的"正常"活动，而父亲是这些活动中最积极的因素——尽管是在医院里。

有一次，在我们日常的探望之后，父亲同病房的病友跟着母亲走到走廊。"你们来的时候查理总是很平静，很积极，我想你没有意识到他有多么痛苦。他用所有的力气和忍耐力去掩饰他的苦痛。"母亲回答道："我知道他在掩饰，但那是他要做的。他不愿让我们难过，他知道当我们看到他受煎熬时我们会有多么难受。"

母亲节那天，我们带着礼物去了医院。到医院时，父亲已经在门厅里等着我们了（妹妹太小是不允许进父亲的病房的）。我替爸爸买了一件送给妈妈的礼物。在那个属于我们的门厅角落里，我们举行了一个小型的精彩的晚会。

妹妹过生日的时候，父亲已经不能下楼了，所以我们把生日蛋糕、生日礼物带到了医院，在父亲病房的同层楼的接待区里庆贺了一番。

第二周的周末我举办了舞会。按照惯例我们在家里拍了照，聚会结束之后，我们去了医院。我穿着长长的舞裙，当时我真觉得有点尴尬，可当我看到父亲脸上的微笑时，这种感觉消失了。

这么多年来，父亲一直在等着他可爱的女儿举办第一次舞会。

妹妹每年要参加一次舞蹈演出，演出前一天总要进行彩排，彩排那天是全家人照相的日子。很自然，彩排之后我们去了医院。妹妹身着舞裙缓缓地走过走廊。她为爸爸表演了优美的舞蹈。父亲始终都微笑着——尽管每一个动作的拍击声都会引起他头部的剧烈疼痛。

我的生日到了，我们把妹妹偷偷地带到父亲的病房里，因为父亲不能离开病房（当时护士善意地装做看不见）。我们又庆贺了一番。虽然父亲的身体支撑不住了，在生命的最后时刻，他仍在顽强地抗争。

那天夜里，医院来了电话，父亲的病情急剧恶化。几天以后，父亲离开了我们。

从死亡中所得到的最深刻的教训之一是：生活必须继续。父亲坚决主张不要让生活停下来。即使在他生命的最后一息，他仍关心着我们，爱护着我们，为我们而骄傲。他的最后愿望是什么？那就是葬他的时候，衣袋里要有一张全家人的合影。

偷饼贼

有些虚假可以乱真，被它们欺骗可能是判断的错误。

——拉罗什富科

某晚，有位妇女在机场候机，在起飞之前她还有好几个小时需要打发，她在机场商店里找到了一本书，买了一袋甜饼之后找个地方坐下。

她沉浸在书里，却无意中发现，那个坐在她旁边的男人，竟然如此无耻，从放在他们中间的袋子里抓起甜饼吃。她试着回避这件事，避免大发脾气。

她读着书，使劲嚼着甜饼，看着钟点，当那个"偷饼贼"继续偷窥她的甜饼的时候。

时间一分一分过去，她越来越气愤，她想："如果我不是这样宽容，我一定会打得他鼻青脸肿！"她每拿一块甜饼，他也跟着拿一块。

当只剩下最后一块甜饼时，她猜测他会怎么做。

他的脸上浮现出笑意，并且略带拘谨，他抓起了最后那块甜饼，把它分成了两半。

他递给她半块，自己吃了另一半。

她从他手中抢过半块饼，并且想到："啊，天哪，这个家伙还真有点紧张，但却很无礼，他为什么连感谢的话都不说一句？"她从没想到她已经变得十分刻薄，当她的航班通知登机时，她如释重负般松了口气，她收拾起自己的物品走向门口，拒绝回头再看一眼那个"偷窃而且忘恩负义的人"。

她登上飞机，坐到自己的座位，然后找寻她那本已经快看完了的书。

当她把手伸进行李包，她因意外而紧张得透不过气来。

在她面前的是她那一袋甜饼！

"如果这是我的，"她绝望地呻吟道，"那么另一包就是他的，而他却尽力与我分享！"太迟了，已经无法道歉，她是那样地难过，那个无礼、忘恩负义的偷饼贼，恰恰是自己！

杨梅树和海欧

人们没有义务相信一切浑水都是深不可测的。

——托马斯·富勒

我的祖母有位叫威尔克斯太太的敌人。

祖母和威尔克斯太太都还是做新娘时就搬到了这座小镇——那条榆荫覆盖的主街上。她们成了邻居，并且都想在那条街上住一辈子。我不知道她们之间的"战争"开始的原因是什么，那已是在我出生之前很久的事情了。我相信自我出生以来的三十多年间，她们自己也不会记得战争是缘何而起的了，她们只是进行激烈的"战斗"。

毫无疑问，这根本不是有风度、有节制的"战争"，这是女士们之间

的"战争",是全面的"战争",镇上发生的每一件事都能引起她们的反应。

那座拥有 300 年历史的教堂,已经亲眼目睹了独立战争、南北战争和美西战争,也许还要记载下祖母和威尔克斯太太的妇女救援会之战。我的祖国赢得了这场"战争"的胜利,但这只是一个虚胜。威尔克斯太太自从不能再当主席,她就怒气冲冲地退出了救援会。如果不能迫使你不共戴天的敌人做丢脸的事情,那么胜利还有什么乐趣可言呢?

威尔克斯太太赢得了公共图书馆之战,使她的侄女格茹德当上了馆员,挤下了我姑姑菲丽丝。格茹德上班的那天,就是我祖母停止阅读图书馆中的书刊的那天,它们一夜之间变成了"满是细菌的脏东西"——祖母从此自己买书来读。

高级中学之战,她们二人打了个平手,校长在威尔克斯太太成功地把他赶走,或者在我祖母搞得他辞职之前,就已找好了一份更好的工作,离开了原位。

除了这些主要的"战争"以外,时常还会爆发或者衍生出一些新的导火线。当时还是孩子的我们,去拜访祖母时的乐趣之一,就是向威尔克斯太太那不会做鬼脸的孙子们做鬼脸——现在我才知道,我们几乎和他们一样不会做——还有就是偷摘两家花园之间的、威尔克斯家篱笆一侧的葡萄。我们还追打威尔克斯家的母鸡；引燃在7月4日国庆节那天省下来的雷管，把它们放到威尔克斯家门前矿车道的铁轨上，当矿车碾过时，那声爆炸——当然是可以忽略的小事了，就足以把威尔克斯太太吓昏。

国旗日那天，我们把一条蛇放进了威尔克斯家的雨水桶中，祖母只是象征性地表示了一下反对，但我们领会到的是她默许了此事。她的反对和我妈妈说"不行"的含义大相径庭，而且她对我们的惹是生非竟还显得挺高兴。

你千万不要认为这只是单方面的"战争"。威尔克斯太太也有孙子，记住，他们比我祖母的孙子还要强壮和聪明，我祖母从来也没有逃脱过他们的算计，她算是把黄鼠狼引进了贮藏室。

在万圣节的时候，所有散放的、忘记收起的东西，例如花园里的家具，都变魔术般地飞到了谷仓的房梁上，我们不得不雇了一个壮汉把它们取下来，为此还花了高额的佣金。

在一些有风的日子，晾衣绳会被莫名其妙地弄断，那些床单衣物满地都是，只好重洗。这些事有些时候是上帝干的，但更多时候都能肯定是威尔克斯太太家的孩子们干的。

我简直不知道祖母怎样才能受得住这些骚扰，如果不是她每天读的《波士顿新闻报》上有一个家庭版的话。

这页家庭版很精彩，除了日常的烹饪知识和卫生知识以外，它还有一个专栏，由读者寄给报纸的信组成。方式是这样的——如果你有问题，或者只是想发发怨气——你写信给这家报纸，署上一个化名，例

如杨梅树，这就是祖母的化名。然后另一位与你有同样烦恼的女士会回信给你，并告诉你她是如何处理此类事情的。署名为"你知道的人"或者"泼妇"之类。常常是问题已经处理掉了，你们仍然通过报纸专栏保持数年的联系，你对她讲你的孩子、你如何做罐头食品乃至你卧室里的新家具。

祖母因此遇到了一件意想不到的事情。她和一位化名海欧的女士保持了 25 年的通信联系，祖母曾把从没对第二个人讲过的事情都告诉了海欧——例如那回她想再要个孩子却没有要成的事，还有那次史帝文叔叔把"笨蛋"一词放到头发上带到学校里，令她感到很丢脸的事，虽然事情在引起镇上人们的猜测之前就已经被处理掉了。

海欧是祖母真正的知心朋友。

在我十六岁的时候，威尔克斯太太死了。同住在一个小镇上，不管你曾对你的隔壁邻居有多么憎恶，从道义上讲还是应当过去看看能不能帮死者家属做点什么。

祖母穿了一件干净的棉花围裙，以此表明她想要帮忙做点事情。

祖母穿过了两块草坪来到威尔克斯家，威尔克斯家的女儿让她去打扫本来已经很干净的前厅，以备葬礼时用。在前厅的桌子上有一个巨大的剪贴簿，在剪贴簿里，整整齐齐贴在并排的栏目里的，是多年来祖母写给海欧和海欧给她的回信。原来祖母的死对头竟也是她的好朋友！

那是我唯一一次看到祖母放声大哭。当时我还不能确切地知道她为什么哭，但是现在我知道了，她在哭那些再也不能补救回来的，被浪费掉了的时光。当时给我留下深刻印象的只是眼泪，而此后使我记住那一天的却是比女人的眼泪更值得记住的东西。正是在那一天，我对现在全心信仰的东西有所觉悟。而且，如果我停止了信仰它们，我宁可去死。它们是：

有的人看起来可能很讨厌，他们看上去很恶毒、很吝啬、很狡诈，但如果你向左走上 10 步，从另一个角度去看他，你将很可能看到他的大方、热情和善良。它取决于，而且完全取决于你观察的视角。

许 愿

有一种毫不做作的教养，每个人都能感觉到它，但只有那些天性善良的人们才能实践着它。

——切斯特菲尔德

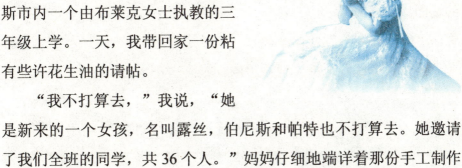

我永远也不会忘记我妈妈让我去参加一个生日宴会的那一天。那时候，我在德克萨斯州威奇托福尔斯市内一个由布莱克女士执教的三年级上学。一天，我带回家一份粘有些许花生油的请帖。

"我不打算去，"我说，"她是新来的一个女孩，名叫露丝，伯尼斯和帕特也不打算去。她邀请了我们全班的同学，共36个人。"妈妈仔细地端详着那份手工制作的请帖，她看上去有一种奇特的忧伤神情。然后，她说："好了，你应该去，明天我去给你挑选一件礼品。"我简直无法相信这是真的，妈妈可是从未让我去参加过宴会的呀！我确定如果一定要让我去，我只有去死，但无论是怎样的歇斯底里也动摇不了妈妈的决定。

星期六那一天到来了，一大早妈妈就把我从床上催了起来，并让我把一个漂亮的如同珠母(能产珍珠的蚌)般的红色化妆盒包裹好，这是妈妈花了 2.98 美元买来的。

她用她那辆1950年产的黄白色汽车把我送了过去。露丝开了门，示意我跟着她走上一段我所见过的最陡峭、也是最让人惊恐的楼梯。

进门之后，我才感到有一种极大的解脱，客厅内的阳光十分充足，硬木地板在阳光的照耀下闪闪发光。屋子里的家具陈旧而又显得特别的拥挤，家具的背面和扶手上还覆盖着白布垫。

桌子的上面摆着一块我所见过的最大的蛋糕，上面装饰着 9 只粉红色的蜡烛，一个印刷粗制的"露丝生日快乐"的牌子和一些我想大约是玫瑰的花蕊图案。

在蛋糕的旁边，摆着 36 个盛冰淇淋的纸杯，里面装着家庭制作的牛奶软糖，每个杯子上还都写着一个名字。

我断定，一旦所有人都来到这儿的话，这将不会是一个很庄重的场面。

"你妈妈呢？"我问露丝。

她低着头看着地板，说："唉，她有些不大舒服。"

"噢，你爸爸呢？"

"他已经去世了。"

接下来是一阵沉寂，只有几声沙哑的咳嗽声从一扇关着的门后传出。过了近15 分钟……接着又是 10 多分钟。突然间，有一个可怕的意念进入了我的脑海，再没有人会来了。我怎么能离开这儿呢？正当我陷入自我同情的时候，我听到一阵捂住嘴巴的抽泣声。我抬起头，看到了露丝那张被泪水划出一道道泪痕的脸。顷刻间，我的年仅八岁的幼小心灵被对露丝的同情所淹没了，同时充满了对我们班其他 35 个自私的同学的愤怒之情。

我踮起穿着白色皮鞋的双脚，我用尽量大的声音宣告："谁需要他们。"露丝吃惊地看着我，渐渐地变成欣喜的赞同。

这里有我们——两个小女孩和一个三层蛋糕、36 个装着糖果的冰淇淋杯子、冰淇淋、几加仑（一种容积单位）红饮料、三打宴会赠品、要玩的游戏和胜利者的奖品。

我们的宴会从蛋糕开始，但却找不到火柴。露丝（她已不再是简单的露丝了）不愿去打扰她妈妈，所以我们只好假装点着了蜡烛。露丝许了一个愿，开始吹灭那些想象中的火苗。我在旁边唱着"生日快乐"歌。

一转眼，就到了中午，妈妈在外面按汽车喇叭。我赶紧收拾起所有的东西，再次感谢了露丝，向汽车飞跑过去。我的心里禁不住激动了起来。

"我赢了所有的游戏！对了，其实，露丝赢了往驴子尾巴上别图钉的游戏，只是她说过生日的女孩赢了是不公平的，所以她把奖品给了我。我们把宴会赠品平分了。妈妈，她的确很喜欢那个化妆盒。我是唯一去那里的一个——布莱克女士的整个三年级班不算在内。我简直有些等不及了，我要告诉他们每一个人，他们错过了一个多么盛大的宴会呀！"妈妈把车开到了路边上，停了下来，紧紧地抱住我，眼睛里充满了泪水。她说：

"我为你感到骄傲！"正是在那一天，我懂得了一个人的确可以产生很大的影响。我对露丝的九岁生日产生了很大的影响，而妈妈对我的一生产生了很大的影响。

小男孩救大兵

粗鲁损坏一切，包括损坏理智和公正。

——格拉西安

    1992 年，我和丈夫随友谊交流团到德国，并相继在三个温馨美满的家庭里小住。

    最近，其中的一家来到衣阿华州我的家里做客。

    我们的那家朋友，鲁梅尼德和托尼，住在德国鲁尔工业区的一个城市，它在二战期间曾遭到盟军猛烈的炮火袭击。他们在我家待了一个星期。有天晚上，任历史教员的丈夫想让他们谈谈二战期间在德国时的童年往事。鲁梅尼德就讲了这么一个催人泪下的故事：

    那是战争结束前不久的一天，鲁梅尼德看到一架敌机被击落，飞机上两名军人被迫跳伞，和许多看到敌兵跳伞的好奇市民一样，十一岁的鲁梅尼德跑到市区中心广场上看热闹。最终两名警察推推搡搡地押回两名英军战俘。他们得在广场等汽车来把战俘送到战俘

营去。

围观的德国人一看到战俘就愤怒地喊道："杀死他们！干掉他们！"毫无疑问，他们想起了英军及其盟军对他们城市的恣意轰炸。围观的人并不乏出气的家伙——英国兵跳伞的时候，好多人都在园子里干活，他们顺手操起干草叉、铁锨什么的就跑过来了。

鲁梅尼德望着两名英军战俘的脸，他们也就十九岁或二十岁的样子，看上去惊恐万分。

两名旨在保护战俘的德国警察也难以挡住操着干草叉和铁锨的愤怒人群。

鲁梅尼德跑到战俘和人群之间，面对着人群，喊叫着让他们住手。人群不愿伤着这个小男孩，就稍稍后撤了一些，就在这时，鲁梅尼德冲他们说道：

"看看这些战俘，他们还只是孩子！他们和你们自己的孩子没什么两样。他们做的也正是你们的孩子正在做的——为各自的国家而战。要是你们的孩子在敌国中弹，成了战俘，你们也不想让那里的人们把他们杀掉吧。所以，请你们不要伤害这两个孩子。"

人们听着，感到惊异，继而羞愧，最后一位妇女说道："竟是个孩子告诉咱们什么是对的，什么是错的。"人群渐渐散开了。

鲁梅尼德永远也不会忘掉英军战俘脸上流露出的宽慰和感激之情。他希望他们能长久而幸福地生活下去，他们也会终生铭记这个拯救了他们生命的小小男孩。

牢骚太盛防肠断

少一丝顾虑，多一点希望；少一句牢骚，多一点勇气。何必喋喋不休、怨天尤人？

少一点憎恶，多一分热爱，那么，所有美好的都将属于你。

——佚名

我小时候和奶奶一起住在阿肯色州的斯坦斐。奶奶开着一处小店。每当有以牢骚满腹、喋喋不休而出名的顾客来到她老人家的小店时，她总是不管我在做什么都会把我拉到身边，神秘兮兮地说："丫头，来，进来！"当然我都是很听话地进去。

奶奶就会问她的主顾："今天怎么样啊，托玛斯老弟？"

那人就会长叹一声："不怎么样。今天不怎么样，赫德森大姐。

你看看，这夏天，这大热天，我讨厌它，噢，简直是烦透了。它可把我折腾得够呛。我受不了这热，真要命。"

奶奶抱着胳膊，淡漠地站着，边低声地嘟囔："唔，嗯哼，嗯哼。"边向我眨眨眼，确信这些抱怨唠叨都灌到我耳朵里去了。

再有一次，一个牢骚满腹的人抱怨道："犁地这活儿让我烦透了。尘土飞扬真糟心，骡子也犟脾气不听使唤，真是要命透了。我再也干不下去了。我的腿脚，还有我的手，酸痛酸痛的，眼睛也迷了，鼻子也呛了，我再也受不了了！"

这时候奶奶还是抱着胳膊，淡淡地站着，咕哝道："唔，嗯哼，嗯哼。"边看着我，点点头。

当这些牢骚满腹的家伙一出店门，奶奶就把我叫到跟前，不厌其烦地对我说："丫头，你听到这些人如此这般地抱怨唠叨了吗？你听到了吗？"我点点头。

奶奶会接着说："丫头，每个夜晚都有一些人，不论是黑人还是白人，富人还是穷鬼——酣然入眠，但却一睡不起。丫头，看那些与世永诀的人，温柔乡中不觉暖和的被窝已成为冰冷的灵柩，羊毛毯已成为裹尸布，他们再也不可能为糟天气或倔骡子去抱怨唠叨上 5 分钟或 10 分钟了。记着，丫头，牢骚太盛防肠断。要是你对什么事不满意，那就设法去改变它。如果改变不了，那就换种态度去对待，千万不要抱怨唠叨。"

　　据说人在一生中接受如此教育的机会并不多。而奶奶在我到十三岁的时候，抓住每个这样的机会来教育我。牢骚满腹不仅使人颓唐，而且导致危险——它在给猛兽发信号：猎物就在你鼻子底下哩。

一个小女孩的梦

天空专为我一人而张灯结彩!

——维克多·雨果

诺言需要坚持很长的时间，而梦想也是。

在上世纪 50 年代早期，南加州一个小小的城镇中，一个小女孩抬着一堆书到小小图书馆的柜台。

这个小女孩是个小读者。她父母的书满屋子都是，但都不是她想看的。所以她每个礼拜都会到坐落在一排木结构房子中的黄色图书馆浏览。馆内的儿童图书隐蔽在一个小小的角落，她就在这个角落里碰运气找她想看的书。

当白发苍苍的图书馆管理员正在为这个十岁的小女孩所借的书

盖上日期戳印时，小女孩渴
望地看着柜台上"新书专柜"
的地方。她对写书这件事一
再地惊叹，在书中开创另一
个世界是何等的荣耀。

在这个特别的日子，她
定下了她的目标。

"当我长大以后，"她说，"我要当一个作家。我要写书。"
图书馆管理员检索了她的戳记后，微笑着鼓励她，而没有像其他大
人一样叫小女孩谦虚点。

"如果你真的写了书，"她回答，"把它带到我们图书馆来，
我会展示它，就放在柜台上。"小女孩承诺她一定会的。

小女孩在九年级时有了第一份工作，撰写简短的个人档案，每
写一个档案，地方的报社都会给她1.5元钱。钱的吸引力对小女孩
来说比让她的文字出现在报刊上的魔力逊色多了。

而离写一本书还有很长的路要走。

她编她高中的校内报纸，结婚，有了自己的家，而写作的火焰
还在内心深处燃烧着。她有了一个兼职的工作，把学校发生的新闻
编成周报。这使她在养育孩子的同时也可动动脑。

但书还是连影子也没有。

她又到一家大报社从事全职工作，甚至还尝试编辑杂志。

还是没写书。

最后，她相信她有话要说，开始了创作。她把成品送给两家出
版商过目，但遭到拒绝。于是她悲伤地把它丢在一旁。7年后，旧

梦复燃，她有了一个经纪人，也写了另外一本书。她把藏起来的那本书一起拿出来，很快地两本书都找到了出版商。

但书的出版比报纸慢得多，所以她又等了两年。有一天，一个装有她的新书的邮包寄到她门前，她打开一看，哭了起来。等了这么久，她的梦终于实现了。

她想起了小镇图书馆管理员的邀请和自己的承诺。

当然，那个特别的管理员早已去世，小小图书馆也扩建成了大图书馆。

这个女人打电话问了图书馆馆长的名字。她写了一封信，告诉那位馆长，这位前辈对一个小女孩的意义有多重大。她在高中毕业后第三十年校庆会回到小镇来。她写道，管理员会愿意让自己带两本书送给图书馆吗？这对当时那个十岁的小女孩而言是件大事，似乎也是对鼓励过小孩的管理员表示尊敬的方式。

图书馆管理员复电表示欢迎。所以她带了她的两本书去了。

　　她发现新的大图书馆就在她当初念的高中对面；就在那间她的作家生涯永不会用到的和代数奋战的教室对面，几乎就在她老家旧址，从前的隔壁人家已经都拆除了，变成了一个市中心，还有这间大图书馆。

　　馆内，图书馆管理员热情地欢迎她。她向她介绍一位地方报纸的记者——正是任职于从前她曾恳求过写作机会的那家报纸。

　　然后，她把她的书交给图书馆管理员，而管理员把它们放在柜台上，还附上了解说。泪水流满了女人的面颊。

　　她拥抱了图书馆管理员之后离开了，在外头照了一张相片，证明梦想成真，承诺也兑现了——虽然经过了38年。

　　站在图书馆公布栏的海报旁，十岁小女孩的梦想终于照进了现实。

　　上头写着：欢迎归来，姜·米歇尔！

第一笔生意

离开那些想让你变得平凡的人。小人总会那么做，但真正的伟人会让你觉得，你会变得很伟大。

——马克·吐温

1993 年秋天的某个星期六下午，我匆匆赶回家，试图要把一些后院的工作做完。

当我在摇落树叶时，我五岁的儿子尼克，过来拉住我的裤脚。

"爸爸，我要你帮我做个告示。"他说。

"现在不行，尼克，我真的很忙。"我回答。

"但我需要一个告示。"他坚持。

"为什么，尼克？"我问。

"我要卖掉我的一些石头。"他回答。

尼克总是沉迷在石头阵中。他一直在

收集石头，人们也把石头送给他。他定期清理放在停车棚里的那一大篮石头，各色各样都有，它们是他的宝贝。

"我现在真的没空帮你，尼克。我必须把这些叶子摇下来，"我说，"去找你妈妈帮你。"过了一会儿，尼克拿了一张纸来。纸上有他的字迹，写着"今天售价一块钱"，他妈妈帮他做了告示，现在他要开始做生意了。

他拿着告示，提着一个小篮子，带着他最好的 4 块石头，走到我们车道的前头，他把石头排成一条线，把篮子放在它们后面，并坐了下来。我从远处观察，对他要做的事很感兴趣。

大约半小时过去了，没有任何人经过。我过去看他在做什么。

"生意如何，尼克？"我问。

"不错。"他回答。

"这篮子是做什么的？"我问。

"放钱用的。"他有模有样地说。

"你的石头要卖多少钱？""每个一块钱。"尼克说。

"尼克，没有人会花一块钱买你的石头。"

"他们会的！"

"尼克，我们这条街没什么人，他们看不到你的石头。你把石头收起来，去玩如何？"

"这里有人，"他回答，"有人在我们这条街上散步或骑自行车做运动，也有人开车来看房子。人够多了。"我说服不了尼克，就返回后院工作。

尼克很有耐心地守在他的岗位上。又过了一会儿，有辆小货车驶进这条街。我看见尼克站起来对小货车高举他的告示。小货车在尼克身边停了下来，一个女士摇下了窗子。我没法听到他们之间的交谈，但在她转身面向驾驶的男士后，我可以看见他在掏皮夹！他给她一块钱，她则走出小货车，走向尼克。检查那些石头以后，她挑了一个，把一块钱交给尼克，开车离去了。

当尼克跑向我时，我目瞪口呆地站在后院。他晃着那一块钱，叫道："我跟你说过一个石头可以卖一块钱——如果你相信自己，你可以做任何事！"

我取了我的照相机，为尼克和他的告示拍照。这小家伙信心坚定，也乐于炫耀他能做的事。这是伟大的一课，我们从中学到了很多，到今天也一直谈论它。

又过了几天，我太太汤尼、尼克和我出外吃晚餐。路上，尼克问我们，他是否可以有零用钱，他母亲解释，想要零用钱得尽些家庭义务才行。

"好吧！"尼克说，"那我会有多少钱？"

"你五岁，一个礼拜一块钱就可以了。"汤尼说。

后座传来一个声音："一个礼拜一块钱——我卖一块石头就能赚到！"

心中的十八洞

全是节奏奔忙、无目的地追求！但可怕的，却是放弃追求的时刻。

——伊凡·布宁

　　詹姆斯·纳斯美瑟少校梦想着在高尔夫球技上突飞猛进——他也发现了一种独特的方式以达到目标。在此之前，他打得和一般在周末才练的人差不多，水准在中、下游之间，九十杆左右。而他也有七年时间几乎没碰球杆，没踏上果岭。

　　无疑的，这七年间纳斯美瑟少校一定用了令人惊叹的先进技术来增进他的球技——这个技术人人都可以效法。事实上，在他复出后第一次踏上高尔夫球场，他就打出了令人惊讶的七十四杆！他比自己以前打的平均杆数还低二十杆，而他已七年未上场。

　　真是难以置信。不只如此，他的身体状况也比 7 年前好。

　　纳斯美瑟少校的秘密何在？其实就在于"心像"。

　　你可知道，少校这七年是在越南的战俘营度过的。七年间，他

被关在一个只有四尺半高、五尺长的笼子里。

绝大部分的时间他都被囚禁着，看不到任何人，不能交流，也没有任何体能活动。前几个月他什么也没做，只祈求着赶快脱身。后来他想到他必须发现某种方式，使之慰藉心灵，不然他会发疯或死掉，于是他学习有了"心像"。

在他的心中，他选择了他最喜欢的高尔夫球，并开始打起高尔夫球。每天，他在梦想中的高尔夫乡村俱乐部打十八洞。他体验了一切，包括细节。他看见自己穿了高尔夫球装，闻到绿树的芬芳和草的香气。他体验了不同的天气状况——有风的春天、昏暗的冬天和阳光普照的夏日早晨。在他的想象中，球台、草、树、啼叫的鸟、跳来跳去的松鼠、球场的地形都历历在目了。

他感觉自己的手握着球杆，练习各种推杆与挥杆的技巧。他看到球落在修整过的草坪上，跳了几下，滚到他所选择的特定点上，一切都在他心中发生。

在真正的世界中，他无处可去。所以在他心中他步步向着小白球走，好像他的身体真的在打高尔夫球一样。在他心中打完十八洞的时间和现实中一样。一个细节也不能省略。他一次也没有错过挥杆左曲球、右曲球和推杆的机会。

一周七天。一天四个小时。十八个洞。七年。少了二十杆。他打出了七十四杆的成绩。

牛仔的故事

不要一路流连着采摘鲜花保存起来,向前走吧,因为沿着你的路,鲜花将会不断开放。

——泰戈尔

当我创办我的电讯公司时,我知道我需要推销员来帮我拓展业务。我张贴了告示,希望找到合格的推销员,并开始与招募人员会晤。

我理想中的推销员要从事过与电讯事业有关的工作、明了地方性市场,并对操作不同类型的系统有相当经验,敬业且积极主动。我几乎没有时间来训练人,所以我雇请的推销员必须马上进入角色。

在招募这令人疲怠的过程中,有个牛仔走进我的办公室。我从他的穿着知道他是个牛仔。他穿着横条花布的裤子和很不相称的横条花布的夹克,一件短袖的暗扣衬衫(胸前的领带结比我的拳头还大),牛仔靴,戴着棒球帽。你可以想象我在想什么:"在我的新公司他可不是我心

目中的职员。"他坐在我的桌子前面，脱下帽子，说："先生，我'金'地希望能够在电讯'死'业中成功。"他的发音实在糟透了。

我企图找出一种委婉的方式，告诉这家伙他完全不是我心目中的职员。我问他背景如何。他说他有俄克拉荷马州州立大学的农业学位，过去几年暑假他都在俄克拉荷马的巴特斯村农场工作。他宣称这一切都已告一段落，现在他想在"死"业上得到成功，他"金"地希望能有机会。

我们继续往下聊。他相当注重"成功"并希望能有机会，所以我就决定给他一个机会。我说我会和他在一起两天。两天内我会教他他想卖出某种小型电话系统该知道的一切。两天后他就得自己来。他问我，我认为他可以赚多少钱。

我告诉他："看你的长相和你目前所知道的来看，你一个月最多可以赚到1000美元。"我继续向他解释，每组小型电话系统的佣

金是 250 美元。如果他每个月拜
访 100 个潜在客户，他大约就可
以卖出四组小型电话系统。卖四
台，他可以赚 1000 美元。

　　他说这听来很不错，因为当
农场雇员每个月只有 400 美元，
他已经准备好要赚这笔钱了。听他如此一说，于是我立即雇用了他
当无固定薪酬的推销员。

　　第二天早上，我尽可能填鸭似的把电话"死"业所需的知识告
诉这个二十二岁、没有做生意经验、不知电讯为何物、也没有销售
经验的牛仔。他一点也不像是电讯事业的专业售货员，也不具备任
何我理想雇员的条件，除了他百分之百地冀望成功。

　　两天训练结束后，牛仔（我一直这样叫他）走进他的小办公室。
他在一张纸上写下了四个提示：

　　一、我要做个成功的生意人。

　　二、我每个月要拜访 100 个人。

　　三、我每个月要卖 4 组电话系统。

　　四、我每个月要赚 1000 美元。

他把这张纸贴在小办公室座位前面的墙上，开始工作了。

　　第一个月结束，他并不只卖四组电话系统。在他当推销员的前
十天，他就卖出七台电话系统。

　　第一年，他赚的并不是 12000 美元佣金。他的佣金竟超过 6 万
美元。

　　我非常惊讶。有一天，他走进我的办公室，拿着一张契约和一

笔电话系统的款项。我问他这一组是怎么卖出去的。他说："我只告诉她，女士，即使它只会响，让你来接电话，这家伙也比你用的那个漂亮多了，于是她就买了。"这个女人签了一张金额付款的支票给他，但牛仔并不确定我收不收支票，所以他载她到银行让她领现金付款。他把总共 1000 美元的纸钞拿进我的办公室，问："赖瑞，我做得好吗？"我向他保证，他做得棒极了！

三年后，他拥有我公司的一半股权。在另一年年底，他又拥有了其他三家公司的股权。

那时我们是彼此的事业伙伴。他开着一辆 32000 美元的人货两用车。他穿着 600 美元的牛仔式套装、500 美元的靴子以及戴着一枚 3 克拉的马蹄形钻戒。他的"死"业已经很成功了。

牛仔怎么成功的？因为他努力工作吗？这确有帮助。他比别人聪明吗？没有。

在刚开始时他对电讯事业一无所知。那是什么呢？我相信是因为他"想要成功"——他对成功十分关注。我知道那是他所要的，他就去追求。

他负责任。他对他的处境、他的过去（过去是农场雇员）负责任，然后他以行动改变命运。

他有决心离开俄克拉荷马的巴特斯村农场，寻找成功的机会。

他愿意改变，这注定了他做一件事的成功，他想做应做的事使自己成功。

他有见识与目标。他相信自己是个会成功的人，他把目标分门别类写下来。他写下四个要完成的目标并把它贴在自己面前的墙上。他每天都看得到，而且全心全意地执行。他坚持不懈为达到目标而努力，这对他而言并非很容易。他也经历过挫折，他比任何推销员吃了更多次闭门羹，被挂过更多次电话，但他绝不因此停下脚步，他继续往前走。

他要求。他确实很会要求！首先他要求我给他机会，然后他要求每个人，好像他们都要向他买电话系统一样。他的要求实现了。他常说："猪偶尔总会捡到橡实吃。"这意味着，如果你不懈地要求，最后，人们总会答应。

他在乎。他在乎我和他的顾客。他发现他只要关心客户超过关心自己，不多久他就不必担心他自己。

最重要的是，牛仔每天都像胜利者一样地开展工作！他会敲敲前门，希望有好事发生。不管发生任何事，他相信事情都会跟他想象的一样。他不预设失败，只期待成功。我发现如果你希望成功且付诸行动，你多半就会成功。

牛仔已经赚了几百万元。他也曾变得一无所有，又再把它们赚回来。在他和我的生命中，我们都相信，一旦你知道且熟悉成功的原则，它们就会一再地为你效力。

他的故事可以鼓舞你，他就是不靠任何环境、教育、技能和能力而成功的最好证明。他更证明了：我们通常忽略或认为理所当然的成功原则是很有效的。这些都是你想成功的必要原则。

从不说他做不到

成功来自使我们成功的信念。

——维吉尔

我的儿子琼尼降生时，他的双脚向上弯着，脚底靠在肚子上。我是第一次做妈妈，觉得这看起来很别扭，但并不知道这将意味着小琼尼先天双足畸形。医生向我们保证说经过治疗，小琼尼可以像常人一样走路，但像常人一样跑步的可能性则微乎其微。琼尼三岁

之前一直在接受治疗，和支架、石膏模子打交道。经过按摩、推拿和锻炼，他的腿果然渐渐康复。七八岁的时候，他走路的样子已让人看不出他的腿有过毛病。

要是走得远一些，比如去游乐园或去参观植物园，小琼尼会抱怨双腿疲累酸疼。

这时候，我们会停下来休息一会，来点苏打汁或蛋卷冰淇淋，聊聊看到的和要去看的。

我们并没告诉他他的腿为什么细弱酸痛；我们也不告诉他这是因为先天畸形。因为我们不对他说，所以他不知道。

邻居的小孩子们做游戏的时候总是跑过来跑过去，毫无疑问小琼尼看到他们玩就会马上加进去跑啊闹的。我们从不告诉他不能像别的孩子那样跑，我们从不说他和别的孩子不一样。因为我们不对他说，所以他不知道。

七年级的时候，琼尼决定参加跑步横穿全美的比赛。每天他和大伙一块儿训练。

也许是意识到自己先天不如别人，他训练得比任何人都刻苦。虽然他跑得很努力，可是总落在队伍后面，但我们并没有告诉他为什么。我们没有对他说不要期望成功。

训练队的前七名选手可以参加最后的比赛，为学校拿分。我们没有告诉琼尼也许会落空，所以他不知道。

他坚持每天跑四到五英里。我永远不会忘记有一次，他发着高烧，但仍坚持训练。

我一整天都为他担心。我盼着学校会打来电话让我去接他回家，但没有人给我打电话。

放学后我来到训练场，心想我来的话，琼尼兴许就不参加晚上的训练了。但我发现他正一个人沿着长长的林荫道跑步呢。我在他身旁停下车，之后慢慢地驾着车跟在他身后，问他："感觉怎么样？"

"很好。"他说。

还剩下最后两英里。他满脸是汗，眼睛因为发烧失去了光彩。然而他目不斜视，坚持着跑下来，我们从没有告诉他不能发着高烧去跑四英里的路，我们从没有这样对他说，所以他不知道。

两个星期后，在决赛前的三天，长跑队的名次被确定下来。琼尼是第六名，他成功了。他才是个七年级学生，而其余的人都是八年级学生。

我们从没有告诉他不要去期望入选，我们从没有对他说不会成功。是的，从没说起过……所以他不知道，但他却做到了！

奇迹之桥

没有一件工作是旷日持久的，除了那件你不敢着手进行的工作，那样它就会成为一种梦魇。

——波德莱尔

横跨于曼哈顿和布鲁克林之间的河流上的布鲁克林大桥是个地地道道的机械工程奇迹。

1883 年，富有创造精神的工程师约翰·罗布林，雄心勃勃地意欲着手这座雄伟大桥的设计。

然而桥梁专家们却劝他趁早放弃这个天方夜谭般的计划，只有罗布林的儿子华盛顿·罗布林，一个很有前途的工程师，确信大桥可以建成。父子俩构思着建桥的方案，琢磨着如何克服种种困难和障碍。他们设法说服银行家投资该项目，之后他们怀着无可遏止的激情和无比旺盛的精力组织工程队，开始施工建造他们梦想的大桥。

　　然而大桥开工仅几个月，施工现场就发生了灾难性的事故。约翰·罗布林在事故中不幸身亡，华盛顿的大脑严重受伤，无法讲话也不能走路了。

　　谁都以为这项工程会因此而泡汤，因为只有罗布林父子才知道如何把这座大桥建成。

　　然而尽管华盛顿·罗布林丧失了活动和说话的能力，他的思维还同以往一样敏锐。

　　一天，他躺在病床上，忽然一闪念，想出一种能和别人进行交流的方式。他唯一能动的是一根手指，于是他就用那根手指敲击他妻子的手臂，通过这种密码方式由妻子把他的设计和意图转达给仍在建桥的工程师们。整整十三年，华盛顿就这样用一根手指发号施令，直到雄伟壮观的布鲁克林大桥最终落成。

4000 美元的故事

张口求人，万事不难。
——英国谚语

女儿简娜读高三时获得作为交换学生到德国学习的资格。我为女儿能有这样的学习机会感到高兴。但不久，负责交换学生的组织通知我们须缴纳 4000 美元的费用，且必须在 6 月 5 日之前交上，离规定的时间只有两个月了。

那时我已离婚，带着三个孩子生活。筹集 4000 美元简直无从下手。我收入微薄，手头拮据，没有积蓄，没有贷款的信用，也没有亲戚能借给我钱。那时我感到非常无助，好像要我去筹集 400 万美元似的。

幸运的是那时我刚参加了杰克·坎菲尔在洛杉矶举办的一个"自尊研习班"。

我从中学到了三样东西：第一，要想得到什么，那就得张口；第二，要想得到什么，那就得下点决心；第三，要想得到什么，还

要采取行动。

我决定把这三条原则付诸实施。首先，我写了这么一个表示决心的字条："六月一日之前愉快地筹集到4000美金供简娜赴德之用"。我把它贴到浴室的镜子上，又复印了一份放到钱包里，以便每天都能看到。我还填了一张4000美金的支票（空头的）放到汽车仪表板上（我每天开车的时间很长，这样的提醒很是醒目）。我又拍摄了一张百元面值的钞票，放大之后贴在简娜床头的天花板上，这样她每天从睁开眼到睡觉之前都能看到它。

简娜十五岁了，是个典型的南加州的少年。她对如此种种近乎荒诞的想法无动于衷。我向她和盘托出这一切的缘由并建议她也写上一份表示决心的誓书。

现在我的决心已经明确，需要采取行动，向人张口了。我一向自给自足，不依附别人，不向别人伸手。所以对我来说，张口向所认识的亲朋好友要钱已属不易，更何况向陌生人相求呢！但我决定做一下，于我又有何损失？

我做了一张传单，上附简娜的照片和她为何想赴德学习的陈述。底部留一张附单，人们可以撕下来连同汇款一起在6月1号前寄还我们，我请求5美元、20美元、50美元或100美元的赞助。我甚至

留下一空行，以便赞助者自行填写赞助金额。然后我把这些传单寄给每一位亲朋好友甚至是只有点头之交的人。我还寄给我工作的办公室、地方报纸和广播电台。我查询了本地30家服务机构的

地址，也给他们也寄了过去。我甚至给航空公司去信请求他们让简娜免费乘机赴德国。

　　报纸没有刊文帮我呼吁，电台无动于衷，航空公司也回绝了我的请求。但我继续求助，继续发我们的传单。简娜开始梦想意外之财了。随后的几个星期，我们开始收到资助了。第一笔 5 美元，最大的一份馈赠是亲朋好友的 800 美元。大多数是 20 美元或 50 美元，有的是认识的人寄来的，有的则来自素昧平生的人。

　　简娜对这种构思着迷起来，她开始相信这能使她如愿以偿。有一天她问我："你认为用类似的做法能让我考到驾驶执照吗？"我保证说可以。她试了试，果然拿到了驾驶执照。

　　到六月一日时，我们竟收到了 3750 美元。真让人激动不已。然而尽管不错，对还差的 250 美元如何筹措，我还是一筹莫展。六月五之前还得想法弄到这 250 美元。

　　六月三日那天，电话铃响了，是镇上一家服务机构的女士打来的。她说："我知道我已过了最后期限，现在是不是晚了点？"

　　我回答道："不晚。"

　　"那好。我们真想帮帮简娜。但只能给她 250 美元。"

　　总共加起来有两家机构和 23 名资助者使简娜梦想成真。在德国的一年中，她给他们去过好几次信谈她的经历。回国后简娜还在那两家机构作了演讲。对简娜来讲，从九月到次年五月在德国沃尔森

的交换学生的生活是一段美好的经历。这拓宽了她的视野，使她对世界和人类有了新的理解。从那以后她在欧洲漫游，在西班牙工作了一个夏季，又在德国工作了一个夏季。她以优异的成绩大学毕业，作为美国服务志愿队在佛蒙特的一家艾滋病防治机构工作了两年，现在正在攻读公共健康管理的硕士。

简娜赴德后一年，我重新寻觅到了一生所爱，还是用的那三种方法。我们是在一次"自尊研究会"上相遇的，结婚后又参加了"夫妻研习班"，之后的七年里我们到各州旅行和长住，其中有阿拉斯加州。我们还在沙特阿拉伯住过三年，现在我们住在亚洲。

像简娜一样，我开阔了眼界，生活也变得丰富多彩。这一切归功于我学会了，对所想得到的物和事，要一张口、二下决心、三采取行动。

一次改变我一生的经历

我已经学会尽可能小心地使用"不可能"一词。

——温何·花·布劳恩

两三年前，一次经历影响了我的信仰体系，以至于永远改变了我对世界的看法。

那时我参与了一个名为"生命之泉"的培训组织，目的在于开发人自身的潜能。我和其他50人还接受了为期3个月的"领导才能工程"的培训。

某周的例会上，大家提出了一项富有挑战性的举措，从那天起，我对生命的意义有了新的理解。这项举措旨在为洛杉矶市一千名无家可归者提供早餐。此外还要求搞些衣物来分发给他们。最要紧的是，我们还不能自掏腰包，不能动用本人的一个子儿。

可是我们中没有一个人在餐饮业或类似行业里工作，我的第一个反应就是——这不是勉为其难吗？

然而，我们还被要求在周六上午做好所有这一切。现在已经是周四了，我更加预感做成这件事简直是太不可能了。我想不光是我一个人如此认为。

环顾四周，我看到五十张板得紧紧的、好像刚刚擦过的黑板的面孔。没有一个人对怎么着手这项工作有头绪。然而更意想不到的是——既然没有人站出来表态服输，那我们只好硬着头皮说："是，可以，我们一定能做到，没问题。"

于是一个人提议道："那好，我们要分一下组。一组去搞食物，一组去搞厨具。"

又有一个人说："我家有台卡车，可用来拉家什。"

"太棒了！"我们叽叽喳喳地叫起来。

又有人补充道："还要一组负责招待和募集衣物。"我还未及多想，就被任命为联络组组长了。

到凌晨两点钟，我们列出一个单子，写下所能想到的应做的每件事，然后把任务分配给每个小组。之后回家小睡一会。我记得我把头搁到枕头上时还在念叨："上帝，我简直不知怎么办才好，一点头绪都没有……但是我们要全力拼一下。"

六点钟，我被闹钟吵醒，几分钟后，两名组员来了。我们三个和组里其他人要试着在24个

小时之内为一千名无家可归者提供早餐。

我们翻出电话号码簿，给我们列出的每一个也许能帮上忙的人打电话。我第一个电话打给范恩合作总社。听完我的说明，那边告诉我说他们必须递交一份要求供给食物的书面材料，而且需要两周才能获准通过。我耐心地解释说我们等不了两个礼拜，我们需要当天弄来，最好在天黑之前弄到。那个部门经理说她一个小时后给我回话。

我又给西贝格尔公司打电话，重申了我们的要求。老板爽然同意，真让人喜出望外。我们一下有了 1200 个过水面包圈。正准备给扎基农场打电话想从那里搞到些鸡肉和鸡蛋时，我的呼机响了，同伴告诉我说他在汉森果汁公司搞到了一卡车新鲜的胡萝卜汁、西瓜汁及其他种类的鲜果菜汁，汉森公司愿意把它们捐赠出来。

范恩合作总社的部门经理回电话说她为我们搞到了各类食品，包括 600 个面包。

10 分钟后又有人打来电话说他们打算捐献 500 个玉米煎饼。实际上，每 10 分钟都有一个组员打来电话告知他搞到了多少多少的东西。

"哦，难道我们真能把这桩事办好吗？"我不禁想。

经过18个小时的紧张工作，我最后在半夜时驱车到翁绍尔面饼圈公司去拉800个面饼圈。我把它们小心地码在客货两用车车厢的一边，这样我就有地方去装那1200个过水面包圈。

经过几个小时必要的休息，我跳进车里，在西贝尔格公司的催促下，装上那些过水面包圈，然后直奔洛杉矶。已经是周六早上了，我真有些疲惫不堪。5点45分，我把车开进停车场，看到组员们在搭设工作炉、给氢气球充气、设置简易厕所——我们什么都想到了。

我赶紧下车开始往下卸成袋的面包圈和一箱箱的面饼圈。上午七时，停车场门前排起了长队。我们赈施早餐的消息在附近的贫民窟中不胫而走。排队的越来越多，一直延伸到街上，绕了整个街区一圈多。

7点45分时，妇女甚至连小孩也加入就餐的队伍中。他们的盘子中装满了热炸鸡、煮鸡蛋、玉米煎饼、面包圈、面饼圈和其他食品。旁边是一堆堆叠放整齐的衣物。

到天黑时，这些衣物都会被领走。喇叭里响着激动人心的演说："我们就是世界。"我面前人头攒动，不同的年龄，不同的肤色，都在尽情享用着早餐。到上午11点，食物发放完毕，总共让1140名无家可归者吃上了早餐。

后来自然而然的，我们的工作人员和无家可归者在一片欢欣鼓舞中随着音乐跳起舞来。两个无家可归者来到我身边，说这顿早饭是给他们准备的最好的东西，也是他们参加的第一次没有发生冲突的食物赈济活动，其中一个人紧握住我的手，我的喉咙哽咽着。我们成功了，在不到 48 小时内为千余名无家可归者提供了食物。这次经历对我影响尤为深远。

时至今日，每当人们告诉我说他们想做什么事，但又觉得没有把握时，我都会在心里说："是的，我知道你的意思。我也曾那么想过……"

不可能的奇迹

无论头上是怎样的天空，我准备承受任何风暴。

——拜伦

二十岁那年的我，初享生命的甘美与愉悦。我积极投入体育锻炼，擅长滑冰滑雪，还打高尔夫球、网球、羽毛球、篮球和排球。我甚

至还组建了一个竞赛联合会。我几乎每天都坚持跑步。我着手建立一家网球场建设公司，因此将来我的收入前景也很乐观。我还和世界上最美的女人订了婚，然而厄运降临了。

金属扭弯的声音、玻璃碎裂的声音使我蓦然惊醒。瞬息间又恢复了平静。再次睁开眼睛，世界已变得一片黑暗。知觉恢复时，我感到满脸在流血和极端的痛苦。

我听到有声音在叫我的名字，但

我又再度失去了知觉。

那是个美妙的圣诞之夜，我和一位朋友离开我在加利福尼亚的家驱车去犹他州。

我要去那里和未婚妻黛丽丝度过假期的剩余时光，离结婚之日仅有五周的时间，我们想磋谈婚礼的计划安排。我先开了八个小时的车，感到有些力不从心，于是就让朋友驾驶。我从驾驶席爬到乘客席，系上安全带，朋友则在夜里驾车。一个半小时后，他伏在方向盘上睡着了。汽车撞到桥台上，爬到了顶部，然后又从上面滚了下来。

车子停住时，我已人事不知。我被从车里抛了出去，在光秃秃的地上摔坏了脖子，胸部以下也都瘫痪。我被救护车送到内华达州拉斯维加斯一家医院，医生宣布说我已成为废人。我的腿脚、腹肌、腰肌、胳膊和手都不听使唤了。

这就成了我新的生活的起点。

医生说我得想点别的办法，打点别的主意。因为我的身体状况，我不能再工作了。庆幸的是，我还有7%的身体可以工作。医生说我不能再驾车了，余生得完全依靠他人喂食、穿衣和行走。他们还说我最好再也不要提结婚的事了，因为……谁还会要我呢？他们断定我再也无法参加任何种类的竞技和体育活动了。我第一次感到无比惊惧，我深恐医生们所言会是真的。

躺在拉斯维加斯那家医院的病床上，我自问我的全部希望和梦

想都何处去了？

我想这一切是否可以从头开始。我想是否自己还能工作、结婚、生子，还能享受先前幸福快乐的生活。

那一阵我既担心又害怕，世界一片黑暗。这时母亲来到我身边，在我身边说道："艾特，当困苦姗姗而来之时，克服它们会更余味悠长。"

刹那间黑暗的病房被希望和热诚的光芒所充满——明天会好起来的。

从听到母亲的那些慰藉鼓励至今已十一年了。我现在拥有一家公司，是一名专业评论员，还写了一本书——《奇迹如此发生》。我每年行程20万英里，听众超过十万人。我还入选1992年度六州区"小企业管理机构的最佳青年企业家"；1994年，《成功》杂志推举我为该年度最伟大的身残志坚者。遭遇坎坷而梦幻成真，这一切缘何而来呢？

自从那天听到母亲的鼓励，我开始学开车，我又可以到想去的地方干想干的事了。我已经完全自理。我感到身体在恢复，又能重新活动右臂了。

遭车祸一年半后，我仍和那个美丽动人的姑娘结了婚。1992年，我妻子黛丽丝当选犹他州小姐，又参评美国小姐获季军。我们有一双儿女，三岁的女儿瑞纳和刚满月的儿子亚瑟，他们给我们的生活带来无限欢乐。

我又开始了运动生涯。我学会了游泳、潜水。据我所知，我是第一个参加滑翔跳伞的四肢瘫痪者。我还学着滑雪，我相信这不会对我有任何伤害。我甚至参加十公里轮椅竞赛和马拉松。1993年7

月 10 日，我用了七 天时间跑完了从犹他州的盐湖城到圣乔治城之间 32 英里的路程，此举在世界瘫痪病人中属首次。这可能并不是我最辉煌的成就，但却是最困难的一次经历。

　　为什么我能成就以上种种？因为多年来我一直铭记母亲的话语，而不是听信周围人（包括医学专家）的丧气之辞。我身处的境遇并不意味着可以轻易放弃梦想。我的心头再次点燃希望之火。梦想永不被挫折击碎，梦想植根于心灵和头脑而臻于永恒。因为当困苦姗姗而来之时，克服它们会更余味悠长。

"不规范"的成功

一个能思想的人，才真是一个力量无边的人。

——巴尔扎克

上世纪 70 年代初，一位刚去美国不久的华侨在华盛顿经营起一家中餐馆。那时候，美国商界已经开始打造职业化的"规范服务"，所以在开业前，老板就把所有的员工都送到了培训师那里进行培训。

开业后，餐馆的生意一直做得不温不火，这种经营状况虽然勉强能赚到一点小钱，但绝对不可能取得什么大发展。按理说，餐馆所在的地段并不差，而且还有一个精心打造的职业化团队为顾客提供着最规范的服务，那么问题究竟出在哪儿呢？

有一天，老板来到餐馆的一角观察。这时，一对夫妇带着一个五六岁的孩子走进餐馆，门口那两排迎宾队伍一齐来了个 30 度的鞠躬，并齐声用最规范的职业问候语说："三位好，欢迎光临，请进！"

那对夫妇连看都没有看他们一眼，就径直走向了一张餐桌，特别是那个小孩子，甚至还被迎宾者吓了一跳，下意识地拉住了妈妈的手。入座后菜肴很快上桌，端菜的服务员用最规范的职业用语报上菜名。整个过程，服务员与顾客之间没有任何的沟通与交流。

眼前的情景让老板刹那间顿悟到了一点：这种刻意打造出来的规范服务，与其说是规范，倒不如说是机械，他们的服务程序如出一辙，他们的服务用语毫无二致，整个酒店就像一个机械化工厂，而顾客面对的只是一台又一台能提供服务的机器。试想，谁又会被机器打动呢？谁又愿意和一台机器去对话呢？

想到这里，老板在当天就做出一个决定，摈弃一切职业规范。例如在顾客进门时，完全不需要那种笔直立正和鞠躬，只要保持微笑请顾客入座就行了。

有小孩子的话，不妨送上一句类似于"你真帅""你真可爱"的俏皮话；在端上菜肴的时候，完全可以用一句"它让我馋得流口水"来代替那句规范的报菜名用语；在顾客出门的时候，也完全可以用一句"我真希望再次见到你们"来代替"欢迎下次光临"……总之一句话，就是在不失礼貌的前提下，灵活自然地为顾客送上更人性化的服务。

采用"不规范服务"后，奇迹出现了，顾客开始喜欢和服务员聊天了，离去前甚至还会微笑着主动与服务员道别，整个服务过程都很温馨。也正因为如此，餐馆的老顾客一天比

一天增多，生意也日益兴旺起来。

不久，当时的美国总统尼克松来这家餐厅用餐，哪怕是为总统这样的"大人物"服务，老板同样坚持采用"不规范服务"，没想到，这竟然给尼克松留下了极为深刻的印象。离去前，他甚至主动提出与服务员合影。

从那以后，老板就更加坚定了用"不规范服务"来打动顾客的信念，时间证明他的思路是正确的。在之后的40年里，他先后在华盛顿、纽约等地开设了二十余家分店，而每一家都坚持以"不规范服务"为特色。这家中餐馆就是如今闻名全美的"唐城中餐馆"，而它的老板就是如今已经年届八旬的李作功。特别值得一提的是，在为尼克松服务之后的多年里，李作功先后用这种服务打动过里根、布什父子以及奥巴马等多位总统，他们都是唐城中餐馆的忠实顾客。

不难想象，当服务的言行举止被规范成千篇一律时，这种"规范"也就沦为"机械"！李作功用"不规范服务"来打动顾客的智慧，值得商家们借鉴。

免费赠送也是一种成功

最有希望的成功者，并不是才干出众的人，而是那些最善利用每一时机去发掘开拓的人。

——苏格拉底

日本名古屋有一家餐饮店，由于位置偏僻，老板藤泽太郎用尽了心机，无奈顾客就是在附近住的那几位邻居。一次，藤泽见有几位老顾客吃完主餐，离开时又点名要买他自制的一种酱菜。这种酱菜，藤泽都是作为开胃小菜赠送到餐桌的，不收费。顾客提出购买，他没同意，而是每人赠送一大包。

后来，有人慕名找到他要买这种酱菜，他知道这是那些顾客帮他传了名。他告诉来人，不单独卖酱菜，而是吃主餐送酱菜。那人就在这里吃了主餐，满意地获赠了酱菜。

家人劝他，既然酱菜受欢迎，就改开餐馆为卖酱菜吧。藤泽没有采纳，而是决定在更大范围赠送酱菜，并印制了精美的包装。日本人喜欢吃酱菜，很多人拿着包装找到这里，为获赠酱菜而吃一顿主餐。他们发现这里的主餐也是美味，回头客渐渐多起来，藤泽的餐饮店也逐渐红火起来。后来，藤泽以这种"免费赠送"方式在名古屋和其他城市开了多家连锁店。

我想到了中国的一个词语：抛砖引玉。而藤泽抛的是块"砖"，迎来的是大块的"玉"。

很浅显的道理，舍小本而求大利，免费赠送也是一种成功路子。

终身"免费保修"的智慧

真正的智慧不仅在于能明察眼前，而且还能预见未来！

——忒壬斯

1985 年，克里曼·泽恩和妻子在美国康涅狄格州开了一家叫"恩泽"的山地车车行，专门销售高档山地车。

但由于那时山地车在康涅狄格的竞争已经到了白热化阶段，一年多下来，"恩泽"车行的生意都并不是很好，只能勉强度日。为此，妻子常常抱怨，觉得克里曼不应该开这么一个糟糕的车行。被妻子唠叨烦了的克里曼，不得不一有空就开动脑筋，希望能想出一个好主意，让车行的生意兴隆起来。

一天，克里曼突然对妻子说："我打算在车行里对顾客实行'终身免费保修和保养'制度——凡是我们车行卖出的山地车，如果在外面发生了障碍，买主都可以将它送回来，我们将为它们提供终身

的免费维修和保养！而且对车行里所出售的附件或零件，也同样能享受到如此服务！"

听完克里曼的这番话后，妻子以为他疯了："你难道不知道，真正的山地车手和爱好者都是要骑很长的山路的，山地车肯定会因此有很大的磨损，免费帮他们维修和保养，那我们岂不是亏得连饭都吃不上？"

然而，克里曼却并没有听妻子的反对意见，而是坚持这样做，将终身免费维修和保养的承诺推广了出去。

结果，不仅是他的妻子，就连康涅狄格州的众多同行，也都认为克里曼的脑子坏掉了，他的"恩泽"车行用不了一年的时间就会关门大吉！

但谁也没想到，一年后，泽恩车行不仅没关门大吉，反而生意越来越好，此后每年的销售额更是能持续增长25%！后来，克里曼的车行已经成为康涅狄格州最大的山地车车行了，并且在美国其他几个州也开设了连锁店！

克里曼的聪明和高明之处在哪？

原来答案是，克里曼从观察每个进车行的顾客的过程中，突然领悟出他们都有一个共性，那就是贪便宜的心理。

为此，他深信，终身免费保修和保养的承诺，会让他的很多顾客成为车行里的永久回头客。

这些回头客都是山地车的"狂热粉丝"，他们会经常骑车，所以都需要定期到恩泽车行里参加免费维修和保养，这样就能轻易地将他们牢牢拴住，只要拴住他们，让他们经常来，他们便能看到车行里最新、最酷、最闪亮的新装备，于是便会情不自禁地要求给自己的山地车进行升级换代，更换更好的装备。于是，新的、长远的利润便源源不断地产生了！

哈佛商学院曾公布过一项这样的权威调查的结果——企业若是能降低5%的顾客流失率，就能至少增加25%的利润。

克里曼所做的一切恰巧就是为了不让顾客流失。原来，眼前的一时赔本是为了将来更大的盈利。

把最好的给你

善待他人，可以让人生走得更远；善待自己，可以让生命活得滋润。无论是善待谁，其实都是温暖在流转，都是爱在延宕……

——佚名

一家单位食堂有两个打饭窗口，两位阿姨各负责一个，打饭卖菜。

每天到了开饭时间，两个窗口前，就会自觉地排起两条长队。两个窗口的菜完全一样，两位阿姨打菜的速度也差不多。刚开始的时候，到食堂就餐的人，往往是看哪边的队伍排得稍短些，就站在哪个队尾。可是，慢慢地，情形却悄悄地起了变化，左边窗口前排的队总是要比右边的那队长出很多，很多人好像都犯了傻，宁愿选择左边的长队，也不去右边短的那队。

打菜的两位阿姨，都是食堂聘用

的农民工，年龄差不多，态度都很和善，饭菜的分量也几乎没什么区别，都是一份菜一勺子，不多不少正好填满饭盘的菜格子。那么，为什么很多人会选择左边的窗口呢？

原因在于一个很微小的细节：右边窗口的阿姨，打菜的时候，一勺子下去，简单、干脆、利落，火候把握得很好，每次的分量基本上不多不少，不偏不倚，偶尔分量多出了一点，她也不会扒拉回去。而左边窗口的阿姨，则是将那一勺子菜一分为二，先打半勺子，再打半勺子。区别就在于后半勺，很多人就是冲着它来的。比如食堂里最拿手的红烧肉，男同事一般喜欢肥肉多一点，而女同事往往更喜欢瘦肉。左边窗口的阿姨打菜前会先看看客人，再给你打那后半勺子，喜欢肥肉的，就给你拣几块肥腻的；喜欢瘦肉的，就给你挑几块瘦的。

同样一份菜，于是便有了细微的差别，正是这点小小的不同，使每个人盘中的那道菜，有了完全迥异的滋味。这份滋味，不仅在于盆中那份菜有多少差别，而是那份心。

左边窗口的阿姨自己说得好："我就是想把最好的给你们。"有人担心，这样打菜，会不会因为大家的偏好，而使有的菜剩下来？事实上从来也没有出现过这样的情况。

"把最好的给你！"这是一位食堂阿姨的打菜经验，也是她的做人之道。

　　还有一个异曲同工的事例。小区附近，聚集了一些挑担子卖水果的流动小商贩，沿着小区外的道路一字摆开。我常来此买水果，方便、新鲜、价格公道。而且，我基本上只在那位头上扎着花布头巾的大婶那儿买。买水果的人大都有个习惯，喜欢挑挑拣拣，可惜，我不大会挑选。因此，每次上她那儿买水果，都是她帮我挑。拿起一个水果，前后看看，放进塑料袋，或重新放回水果担子里，然后，再拿起另一个。每个都是她细心地挑选过的，神情专注，倒好像她不是卖水果的，而是来买水果的顾客。

　　她的生意，比其他几个小商贩明显好了很多。不独对我，对每个来她这儿买水果的，她都会极细心地帮他们挑选。

　　无论你什么时候来她这儿买水果，你所买到的，都是她的水果担子里最好的水果。

　　永远把最好的给你，这是多么朴实又多么深奥的处世之道啊！

埋 单

一个没有受到献身的热情所鼓舞的人，永远不会做出什么伟大的事情来。

——车尔尼雪夫斯基

克威尔香水公司开拓美国西部市场时，曾跟旧金山的一家电视台合作，帮助他们做一档《唐华寻访录》的华人节目。公司赞助20万美元，条件是节目冠名和中间的广告插播。

那时，我在克威尔公司已经不用抱着香水的宣传材料，满大街表演口才。作为公司最年轻的营销经理，西部分区的营销总裁史密斯先生点名让我帮助他处理华人区业务。

下午，结束讨论会，史密斯叫我与电视台的节目负责人詹姆斯·刘一起去吃饭。

刘是美籍华人，他喜爱 007 系列电影，爱死了詹姆斯·邦德，所以为自己取了这个英文名字。

在路上，以及整个吃饭过程中，我想，两个职务都比我高的人请我吃饭，肯定中间有一个人请客，我只要跟着享用美餐即可。所以，我心情舒畅，放开肚皮，大吃大喝，吃完抹抹嘴，什么都不管。

果然，他们为了这顿饭钱争了半天。最后，"当仁不让"的詹姆斯·刘将饭钱付了。

他还带着愉悦的表情对我们说："下次还是我请，你们远道而来，又是出资方，是贵客嘛，可不能怠慢。"

然而，回到公司，史密斯立刻把我叫过去，不爽地问："你为什么不埋单？"

我愣住了，这顿饭该由我埋单吗？这完全不合逻辑。

"你们都是富人，我可请不起，"我有点赌气，"下次，若想让我付钱，请事先提示。"

史密斯是除了克威尔先生之外，多次提携我的一位公司高管。他没有真的生气，而是讲了这样一段话：

"我知道，你很不理解，并且有些愤怒。今天，我告诉你，每个圈子都有它的游戏规则。如果你只接受不付出，就很难找到你的位置。至少容纳你的屁股的那张椅子是不稳固的，你随时会被踢走。"

"放下你那可怜的自尊心吧。别人不会在乎你请吃什么，在乎的是你的态度和诚意，明白吗？今天的这顿饭，你没有埋单，詹姆斯只会当你是我的司机、小跟班这样不起眼的人、无所谓的人、没有价值的人，而不是克威尔公司重要的一员。所以，你要记住，今后只要是你参加的酒席，你都要养成主动埋单的习惯。如果确实不需要由你埋单，别人一定会把钱给你塞回去。所以，不必担心会花冤枉钱。如果需要，哪怕你一个月的工资只有 600 美元，这顿饭要花掉 500 美元，你也要毫不犹豫地展现你的大方。"

以前，我总是认为，强者和对强者有所求的弱者，才是最该埋单的人。

从这个时候起，我纠正了旧有的观念并在脑海中强化了"要想成功，就先付出"的奋斗价值观。

跟旧金山电视台的节目合作快要结束的时候，史密斯又把詹姆斯·刘和我一起叫出去吃饭。结账时，我主动把钱付了。我发现詹姆斯·刘看我的眼神，顿时有了变化。

后来，我们借此机会，成了不错的朋友，一直至今。正是那次主动埋单的行为，为我与他的合作打开了一个窗口。

所以，请你一定不要把消费时髦当作交际规则。特别是事业刚刚开始发展时，你需要积

累人脉。

你还应该记住几个原则：

1. 穷人和富人一起吃饭，穷人最应该埋单。

2. 穷人埋单，买的是尊严，买的是平等，买了一份投资。

3. 不会埋单的人，不懂得机会是什么。

4. 埋单，既是一种付出，也是一个细节，更多的是培养一个人积极付出的习惯。